高等学校数据结构课程系列教材

算法设计与分析
（第2版）学习与实验指导

◎ 李春葆 主编

李筱驰 蒋林 陈良臣 喻丹丹 编著

U0291413

清华大学出版社
北 京

内 容 简 介

本书是《算法设计与分析(第2版)》(李春葆等编著,清华大学出版社出版)的配套学习和上机实验指导书,给出了主教材中所有练习题、上机实验题和在线编程题的参考答案,通过研习有助于提高灵活运用算法设计策略解决实际问题的能力。书中列出了所有题目,自成一体,可以脱离主教材单独使用。

本书适合高等院校计算机及相关专业本科生及研究生使用。

图书在版编目(CIP)数据

算法设计与分析(第2版)学习与实验指导/李春葆主编.—北京:清华大学出版社,2018(2024.1重印)
(高等学校数据结构课程系列教材)
ISBN 978-7-302-50145-9

Ⅰ.①算… Ⅱ.①李… Ⅲ.①电子计算机-算法设计-教学参考资料 ②电子计算机-算法分析-教学参考资料 Ⅳ.①TP301.6

中国版本图书馆 CIP 数据核字(2018)第 112361 号

策划编辑:魏江江
责任编辑:王冰飞
封面设计:刘 键
责任校对:梁 毅
责任印制:沈 露

出版发行:清华大学出版社
   网   址:https://www.tup.com.cn,https://www.wqxuetang.com
   地   址:北京清华大学学研大厦 A 座   邮 编:100084
   社 总 机:010-83470000   邮 购:010-62786544
   投稿与读者服务:010-62776969,c-service@tup.tsinghua.edu.cn
   质量反馈:010-62772015,zhiliang@tup.tsinghua.edu.cn
   课件下载:https://www.tup.com.cn,010-83470236
印 装 者:北京嘉实印刷有限公司
经 销:全国新华书店
开 本:185mm×260mm   印 张:16.75   字 数:405 千字
版 次:2018 年 10 月第 1 版   印 次:2024 年 1 月第10次印刷
印 数:18001~19500
定 价:39.50 元

产品编号:079450-01

前　言

本书是《算法设计与分析(第 2 版)》(李春葆等编著,清华大学出版社出版,以下简称《教程》)的配套学习与实验指导书。全书分为 3 章,第 1 章是练习题及参考答案,第 2 章是上机实验题及参考答案,第 3 章是在线编程题及参考答案。

上机实验题共 43 题,在线编程题共 51 题,其中包含近几年的国内外著名 IT 企业(谷歌、微软、阿里巴巴、腾讯、网易等)面试笔试题和 ACM 竞赛题。所有题目均上机调试通过或者在相关的在线编程环境中调试通过,考虑向下兼容性,所有程序的调试执行都采用低版本的 Visual C++6.0 作为编程环境,稍加修改,可以在 Dev C++或者其他编程环境中执行。

书中同时列出了全部练习题、上机实验题和在线编程题题目,因此自成一体,可以脱离《教程》单独使用。

由于水平所限,尽管编者不遗余力,仍可能存在不足之处,敬请教师和同学们批评指正。

编　者

2018 年 6 月

目　　录

第 2 章　上机实验题及参考答案　/85

第 3 章　在线编程题及参考答案　/167

第 **1** 章

练习题及
参考答案

1.1 第1章——概论

1.1.1 练习题

1. 下列关于算法的说法中正确的有（　　）个。

Ⅰ. 求解某一类问题的算法是唯一的

Ⅱ. 算法必须在有限步操作之后停止

Ⅲ. 算法的每一步操作必须是明确的，不能有歧义或含义模糊

Ⅳ. 算法执行后一定产生确定的结果

　　A. 1　　　　　　　　B. 2　　　　　　　　C. 3　　　　　　　　D. 4

2. $T(n)$ 表示当输入规模为 n 时的算法效率，以下算法中效率最优的是（　　）。

　　A. $T(n) = T(n-1)+1, T(1)=1$　　　　B. $T(n) = 2n^2$

　　C. $T(n) = T(n/2)+1, T(1)=1$　　　　D. $T(n) = 3n\log_2 n$

3. 什么是算法？算法有哪些特性？

4. 判断一个大于 2 的正整数 n 是否为素数的方法有多种，给出两种算法，说明其中一种算法更好的理由。

5. 证明以下关系成立：

(1) $10n^2 - 2n = \Theta(n^2)$

(2) $2^{n+1} = \Theta(2^n)$

6. 证明 $O(f(n)) + O(g(n)) = O(\max\{f(n), g(n)\})$。

7. 有一个含 $n(n>2)$ 个整数的数组 a，判断其中是否存在出现次数超过所有元素一半的元素。

8. 一个字符串采用 string 对象存储，设计一个算法判断该字符串是否为回文。

9. 有一个整数序列，设计一个算法判断其中是否存在两个元素的和恰好等于给定的整数 k。

10. 有两个整数序列，每个整数序列中的所有元素均不相同，设计一个算法求它们的公共元素，要求不使用 STL 的集合算法。

11. 正整数 $n(n>1)$ 可以写成质数的乘积形式，称为整数的质因数分解。例如，$12 = 2 \times 2 \times 3, 18 = 2 \times 3 \times 3, 11 = 11$。设计一个算法求 n 这样分解后各个质因数出现的次数，采用 vector 向量存放结果。

12. 有一个整数序列，所有元素均不相同，设计一个算法求相差最小的元素对的个数。例如序列 4,1,2,3 的相差最小的元素对的个数是 3，其元素对是 (1,2)、(2,3)、(3,4)。

13. 有一个 map<string,int>容器，其中已经存放了较多元素，设计一个算法求出其中重复的 value 并且返回重复 value 的个数。

14. 重新做第 10 题，采用 map 容器存放最终结果。

15. 假设有一个含 $n(n>1)$ 个元素的 stack<int>栈容器 st，设计一个算法出栈从栈顶到栈底的第 $k(1 \leqslant k \leqslant n)$ 个元素，其他栈元素不变。

1.1.2 练习题参考答案

1. 答：由于算法具有有穷性、确定性和输出性，所以Ⅱ、Ⅲ、Ⅳ正确，而解决某一类问题的算法不一定是唯一的。答案为C。

2. 答：选项A的时间复杂度为$O(n)$，选项B的时间复杂度为$O(n^2)$，选项C的时间复杂度为$O(\log_2 n)$，选项D的时间复杂度为$O(n\log_2 n)$。答案为C。

3. 答：算法是求解问题的一系列计算步骤。算法具有有限性、确定性、可行性、输入性和输出性5个重要特征。

4. 答：两种算法如下。

```
#include <stdio.h>
#include <math.h>
bool isPrime1(int n)                       //方法1
{    for (int i=2;i<n;i++)
         if (n%i==0)
             return false;
     return true;
}
bool isPrime2(int n)                        //方法2
{    for (int i=2;i<=(int)sqrt(n);i++)
         if (n%i==0)
             return false;
     return true;
}
void main()
{    int n=5;
     printf("%d,%d\n",isPrime1(n),isPrime2(n));
}
```

方法1的时间复杂度为$O(n)$，方法2的时间复杂度为$O(\sqrt{n})$，所以方法2更好。

5. 答：（1）当n足够大时，$(10n^2-2n)/(n^2)=10$，所以$10n^2-2n=\Theta(n^2)$。

（2）$2^{n+1}=2\times 2^n=\Theta(2^n)$。

6. 证明：对于任意$f_1(n)\in O(f(n))$，存在正常数c_1和正常数n_1，使得对所有$n\geq n_1$有$f_1(n)\leq c_1 f(n)$。

类似地，对于任意$g_1(n)\in O(g(n))$，存在正常数c_2和自然数n_2，使得对所有$n\geq n_2$有$g_1(n)\leq c_2 g(n)$。

令$c_3=\max\{c_1,c_2\}$，$n_3=\max\{n_1,n_2\}$，$h(n)=\max\{f(n),g(n)\}$，则对所有的$n\geq n_3$有：
$$f_1(n)+g_1(n)\leq c_1 f(n)+c_2 g(n)\leq c_3 f(n)+c_3 g(n)=c_3(f(n)+g(n))$$
$$\leq c_3 2\max\{f(n),g(n)\}=2c_3 h(n)=O(\max\{f(n),g(n)\}).$$

7. 解：先将a中的元素递增排序，再求出现次数最多的次数maxnum，最后判断是否满足条件。对应的程序如下：

```
#include <stdio.h>
#include <algorithm>
```

```
using namespace std;
bool solve(int a[],int n,int &x)
{    sort(a,a+n);                    //递增排序
     int maxnum=0;                   //出现次数最多的次数
     int num=1;
     int e=a[0];
     for (int i=1;i<n;i++)
     {    if (a[i]==e)
          {    num++;
               if (num>maxnum)
               {    maxnum=num;
                    x=e;
               }
          }
          else
          {    e=a[i];
               num=1;
          }
     }
     if (maxnum>n/2)
          return true;
     else
          return false;
}
void main()
{    int a[]={2,2,2,4,5,6,2};
     int n=sizeof(a)/sizeof(a[0]);
     int x;
     if (solve(a,n,x))
          printf("出现次数超过所有元素一半的元素为%d\n",x);
     else
          printf("不存在出现次数超过所有元素一半的元素\n");
}
```

上述程序的执行结果如图1.1所示。

图1.1 程序执行结果

8. **解**：采用前后字符判断方法。对应的程序如下：

```
# include <iostream>
# include <string>
using namespace std;
bool solve(string str)                //判断字符串 str 是否为回文
```

```
{   int i=0,j=str.length()-1;
    while (i<j)
    {   if (str[i]!=str[j])
            return false;
        i++; j--;
    }
    return true;
}
void main( )
{   cout << "求解结果" << endl;
    string str="abcd";
    cout << " " << str << (solve(str)?"是回文":"不是回文") << endl;
    string str1="abba";
    cout << " " << str1 << (solve(str1)?"是回文":"不是回文") << endl;
}
```

上述程序的执行结果如图1.2所示。

图1.2   程序执行结果

9. **解**：先将 *a* 中的元素递增排序，然后从两端开始进行判断。对应的程序如下：

```
# include <stdio.h>
# include <algorithm>
using namespace std;
bool solve(int a[ ],int n,int k)
{   sort(a,a+n);                        //递增排序
    int i=0, j=n-1;
    while (i<j)                         //区间中存在两个或者两个以上元素
    {   if (a[i]+a[j]==k)
            return true;
        else if (a[i]+a[j]<k)
            i++;
        else
            j--;
    }
    return false;
}
void main( )
{   int a[ ]={1,2,4,5,3};
    int n=sizeof(a)/sizeof(a[0]);
    printf("求解结果\n");
    int k=9,i,j;
```

```
if (solve(a,n,k,i,j))
    printf(" 存在：%d+%d=%d\n",a[i],a[j],k);
else
    printf(" 不存在两个元素和为%d\n",k);
int k1=10;
if (solve(a,n,k1,i,j))
    printf(" 存在：%d+%d=%d\n",a[i],a[j],k1);
else
    printf(" 不存在两个元素和为%d\n",k1);
}
```

上述程序的执行结果如图1.3所示。

图1.3　程序执行结果

10.　**解**：采用集合 set<int>存储整数序列，集合中的元素默认是递增排序的，再采用二路归并算法求它们的交集。对应的程序如下：

```
#include <stdio.h>
#include <set>
using namespace std;
void solve(set < int > s1, set < int > s2, set < int > &s3)    //求交集 s3
{    set < int >::iterator it1, it2;
    it1=s1.begin(); it2=s2.begin();
    while (it1!=s1.end() && it2!=s2.end())
    {    if ( * it1 == * it2)
        {    s3.insert( * it1);
            ++it1; ++it2;
        }
        else if ( * it1 < * it2)
            ++it1;
        else
            ++it2;
    }
}
void dispset(set < int > s)                           //输出集合中的元素
{    set < int >::iterator it;
    for (it=s.begin();it!=s.end();++it)
        printf("%d ", * it);
    printf("\n");
}
void main()
```

```
{   int a[]={3,2,4,8};
    int n=sizeof(a)/sizeof(a[0]);
    set<int> s1(a,a+n);
    int b[]={1,2,4,5,3};
    int m=sizeof(b)/sizeof(b[0]);
    set<int> s2(b,b+m);
    set<int> s3;
    solve(s1,s2,s3);
    printf("求解结果\n");
    printf("  s1: "); dispset(s1);
    printf("  s2: "); dispset(s2);
    printf("  s3: "); dispset(s3);
}
```

上述程序的执行结果如图 1.4 所示。

图 1.4　程序执行结果

11. **解**：对于正整数 n，从 $i=2$ 开始查找其质因数，ic 记录质因数 i 出现的次数，当找到这样的质因数后将 (i, ic) 作为一个元素插入到 vector 容器 v 中，最后输出 v。对应的算法如下：

```
#include<stdio.h>
#include<vector>
using namespace std;
struct NodeType                         //vector 向量元素类型
{   int p;                              //质因数
    int pc;                             //质因数出现的次数
};
void solve(int n,vector<NodeType> &v)   //求 n 的质因数分解
{   int i=2;
    int ic=0;
    NodeType e;
    do
    {   if (n%i==0)
        {   ic++;
            n=n/i;
        }
        else
        {   if (ic>0)
            {   e.p=i;
                e.pc=ic;
```

```
                    v.push_back(e);
                }
                ic=0;
                i++;
            }
        } while (n>1 || ic!=0);
}
void disp(vector < NodeType > & v)                //输出 v
{    vector < NodeType >::iterator it;
     for (it=v.begin();it!=v.end();++it)
         printf(" 质因数%d 出现%d 次\n",it -> p,it -> pc);
}
void main( )
{    vector < NodeType > v;
     int n=100;
     printf("n=%d\n",n);
     solve(n,v);
     disp(v);
}
```

上述程序的执行结果如图 1.5 所示。

图 1.5　程序执行结果

12. **解**：先递增排序，再求相邻元素的差，比较求最小元素差，累计最小元素差的个数。
对应的程序如下：

```
# include < iostream >
# include < algorithm >
# include < vector >
using namespace std;
int solve(vector < int > & myv)                //求 myv 中相差最小的元素对的个数
{    sort(myv.begin(),myv.end());              //递增排序
     int ans=1;
     int mindif=myv[1]-myv[0];
     for (int i=2;i<myv.size();i++)
     {    if (myv[i]-myv[i-1]< mindif)
          {    ans=1;
               mindif=myv[i]-myv[i-1];
          }
          else if (myv[i]-myv[i-1]==mindif)
               ans++;
     }
```

```
        return ans;
    }
    void main( )
    {   int a[]={4,1,2,3};
        int n=sizeof(a)/sizeof(a[0]);
        vector<int> myv(a,a+n);
        cout << "相差最小的元素对的个数: " << solve(myv) << endl;
    }
```

上述程序的执行结果如图 1.6 所示。

13. **解**：对于 map<string,int>容器 mymap,设计另外一个 map<int,int>容器 tmap,将前者的 value 作为后者的关键字。遍历 mymap,累计 tmap 中相同关键字的次数。一个参考程序及其输出结果如下：

```
#include<iostream>
#include<map>
#include<string>
using namespace std;
void main( )
{   map<string,int> mymap;
    mymap.insert(pair<string,int>("Mary",80));
    mymap.insert(pair<string,int>("Smith",82));
    mymap.insert(pair<string,int>("John",80));
    mymap.insert(pair<string,int>("Lippman",95));
    mymap.insert(pair<string,int>("Detial",82));
    map<string,int>::iterator it;
    map<int,int> tmap;
    for (it=mymap.begin();it!=mymap.end();it++)
        tmap[(*it).second]++;
    map<int,int>::iterator it1;
    cout << "求解结果" << endl;
    for (it1=tmap.begin();it1!=tmap.end();it1++)
        cout << " " << (*it1).first << ": " << (*it1).second << "次\n";
}
```

上述程序的执行结果如图 1.7 所示。

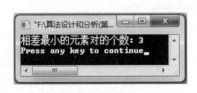

图 1.6　程序执行结果　　　　　　图 1.7　程序执行结果

14. **解**：采用 map<int,int>容器 mymap 存放求解结果,第一个分量存放质因数,第二个分量存放质因数出现的次数。对应的程序如下：

```
# include <stdio.h>
# include <map>
using namespace std;
void solve(int n, map < int, int > &mymap)          //求 n 的质因数分解
{    int i=2;
     int ic=0;
     do
     {    if (n%i==0)
          {    ic++;
               n=n/i;
          }
          else
          {    if (ic>0)
                    mymap[i]=ic;
               ic=0;
               i++;
          }
     } while (n>1 || ic!=0);
}
void disp(map < int, int > &mymap)                  //输出 mymap
{    map<int, int>::iterator it;
     for (it=mymap.begin();it!=mymap.end();++it)
          printf(" 质因数%d 出现%d 次\n", it -> first, it -> second);
}
void main()
{    map < int, int > mymap;
     int n=12345;
     printf("n=%d\n", n);
     solve(n, mymap);
     disp(mymap);
}
```

上述程序的执行结果如图 1.8 所示。

图 1.8　程序执行结果

15. **解**：栈容器不能顺序遍历，为此创建一个临时栈 tmpst，将 st 的 k 个元素出栈并进栈到 tmpst 中，再出栈 tmpst 一次得到第 k 个元素，最后将栈 tmpst 中的所有元素出栈并进栈到 st 中。对应的程序如下：

```
# include <stdio.h>
# include <stack>
```

```
using namespace std;
int solve(stack < int > &st,int k)                //出栈第 k 个元素
{   stack < int > tmpst;
    int e;
    for (int i=0;i<k;i++)                         //出栈 st 的 k 个元素并进 tmpst 栈
    {   e=st.top();
        st.pop();
        tmpst.push(e);
    }
    e=tmpst.top();                                //求第 k 个元素
    tmpst.pop();
    while (!tmpst.empty())                        //将 tmpst 的所有元素出栈并进栈 st
    {   st.push(tmpst.top());
        tmpst.pop();
    }
    return e;
}
void disp(stack < int > &st)                      //出栈 st 的所有元素
{   while (!st.empty())
    {   printf("%d ",st.top());
        st.pop();
    }
    printf("\n");
}
void main()
{   stack < int > st;
    printf("进栈元素 1,2,3,4\n");
    st.push(1);
    st.push(2);
    st.push(3);
    st.push(4);
    int k=3;
    int e=solve(st,k);
    printf("出栈第%d 个元素是: %d\n",k,e);
    printf("st 中元素出栈顺序: ");
    disp(st);
}
```

上述程序的执行结果如图 1.9 所示。

图 1.9　程序执行结果

1.2 第 2 章——递归算法设计技术 ✳

1.2.1 练习题

1. 什么是直接递归和间接递归？消除递归一般要用什么数据结构？

2. 分析以下程序的执行结果：

```
# include < stdio.h >
void f(int n, int &m)
{    if (n < 1) return;
     else
     {    printf("调用 f(%d,%d)前,n=%d,m=%d\n",n-1,m-1,n,m);
          n--; m--;
          f(n-1,m);
          printf("调用 f(%d,%d)后:n=%d,m=%d\n",n-1,m-1,n,m);
     }
}
void main( )
{    int n=4,m=4;
     f(n,m);
}
```

3. 采用直接推导方法求解以下递归方程：

$$T(1) = 1$$
$$T(n) = T(n-1) + n \quad 当 n > 1 时$$

4. 采用特征方程求解以下递归方程：

$$H(0) = 0$$
$$H(1) = 1$$
$$H(2) = 2$$
$$H(n) = H(n-1) + 9H(n-2) - 9H(n-3) \quad 当 n > 2 时$$

5. 采用递归树求解以下递归方程：

$$T(1) = 1$$
$$T(n) = 4T(n/2) + n \quad 当 n > 1 时$$

6. 采用主方法求解以下递归方程。

$$T(n) = 1 \qquad\qquad 当 n = 1 时$$
$$T(n) = 4T(n/2) + n^2 \quad 当 n > 1 时$$

7. 分析求斐波那契数列 $f(n)$ 的时间复杂度。

8. 数列的首项 $a_1 = 0$，后续奇数项和偶数项的计算公式分别为 $a_{2n} = a_{2n-1} + 2$，$a_{2n+1} = a_{2n-1} + a_{2n} - 1$，写出计算数列第 n 项的递归算法。

9. 对于一个采用字符数组存放的字符串 str，设计一个递归算法求其字符个数（长度）。

10. 对于一个采用字符数组存放的字符串 str，设计一个递归算法判断 str 是否为回文。

11. 对于不带头结点的单链表 L，设计一个递归算法正序输出所有结点值。

12. 对于不带头结点的单链表 L，设计一个递归算法逆序输出所有结点值。

13. 对于不带头结点的非空单链表 L，设计一个递归算法返回最大值结点的地址（假设这样的结点唯一）。

14. 对于不带头结点的单链表 L，设计一个递归算法返回第一个值为 x 的结点的地址，若没有这样的结点返回 NULL。

15. 对于不带头结点的单链表 L，设计一个递归算法删除第一个值为 x 的结点。

16. 假设二叉树采用二叉链存储结构存放，结点值为 int 类型，设计一个递归算法求二叉树 bt 中所有叶子结点值之和。

17. 假设二叉树采用二叉链存储结构存放，结点值为 int 类型，设计一个递归算法求二叉树 bt 中的所有结点值大于等于 k 的结点个数。

18. 假设二叉树采用二叉链存储结构存放，所有结点值均不相同，设计一个递归算法求值为 x 的结点的层次（根结点的层次为 1），若没有找到这样的结点返回 0。

1.2.2 练习题参考答案

1. **答**：一个 f 函数定义中直接调用 f 函数自己，称为直接递归。一个 f 函数定义中调用 g 函数，而 g 函数的定义中又调用 f 函数，称为间接递归。消除递归一般要用栈实现。

2. **答**：在递归函数 $f(n,m)$ 中 n 是非引用参数、m 是引用参数，所以递归函数的状态为 (n)。程序执行结果如下：

```
调用 f(3,3)前,n=4,m=4
调用 f(1,2)前,n=2,m=3
调用 f(0,1)后,n=1,m=2
调用 f(2,1)后,n=3,m=2
```

3. **解**：求 $T(n)$ 的过程如下。

$$
\begin{aligned}
T(n) &= T(n-1)+n = [T(n-2)+n-1]+n \\
&= T(n-2)+n+(n-1) \\
&= T(n-3)+n+(n-1)+(n-2) \\
&= \cdots \\
&= T(1)+n+(n-1)+\cdots+2 \\
&= n+(n-1)+\cdots+2+1 \\
&= n(n+1)/2 \\
&= O(n^2)
\end{aligned}
$$

4. **解**：整数一个常系数的线性齐次递推式用 x^n 代替 $H(n)$，有 $x^n = x^{n-1}+9x^{n-2}-9x^{n-3}$，两边同时除以 x^{n-3}，得到 $x^3 = x^2+9x-9$，即 $x^3-x^2-9x+9=0$。

$x^3-x^2-9x+9 = x(x^2-9)-(x^2-9) = (x-1)(x^2-9) = (x-1)(x+3)(x-3)=0$，得到 $r_1=1, r_2=-3, r_3=3$。

则递归方程的通解为 $H(n)=c_1+c_2(-3)^n+c_3 3^n$

代入 $H(0)=0$，有 $c_1+c_2+c_3=0$

代入 $H(1)=1$，有 $c_1-3c_2+3c_3=1$

代入 $H(2)=2$，有 $c_1+9c_2+9c_3=2$

求出 $c_1=-1/4$，$c_2=-1/12$，$c_3=1/3$，$H(n)=c_1+c_2(-3)^n+c_3 3^n=\left(\dfrac{(-1)^{n-1}}{4}+1\right)3^{n-1}-\dfrac{1}{4}$。

5. **解**：构造的递归树如图 1.10 所示，第 1 层的问题规模为 n，第 2 层的子问题的问题规模为 $n/2$，以此类推，当展开到第 $k+1$ 层时其规模为 $n/2^k=1$，所以递归树的高度为 $\log_2 n+1$。

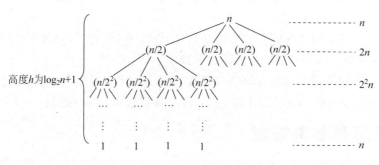

图 1.10　一棵递归树

第 1 层有 1 个结点，其时间为 n，第 2 层有 4 个结点，其时间为 $4(n/2)=2n$，以此类推，第 k 层有 4^{k-1} 个结点，每个子问题的规模为 $n/2^{k-1}$，其时间为 $4^{k-1}(n/2^{k-1})=2^{k-1}n$。叶子结点的个数为 n，其时间为 n。将递归树每一层的时间加起来，可得 $T(n)=n+2n+\cdots+2^{k-1}n+\cdots+n\approx n*2^{\log_2 n}=O(n^2)$。

6. **解**：采用主方法求解，这里 $a=4$，$b=2$，$f(n)=n^2$。

因此，$n^{\log_b a}=n^{\log_2 4}=n^2$，它与 $f(n)$ 一样大，满足主定理中的情况（2），所以 $T(n)=O(n^{\log_b a}\log_2 n)=O(n^2\log_2 n)$。

7. **解**：设求斐波那契 $f(n)$ 的时间为 $T(n)$，有以下递推式：

$$T(1)=T(2)$$
$$T(n)=T(n-1)+T(n-2)+1 \quad 当 n>2$$

其中，$T(n)$ 式中加 1 表示一次加法运算的时间。

不妨先求 $T_1(1)=T_1(2)=1$，$T_1(n)=T_1(n-1)+T_1(n-2)$，按《教程》例 2.14 的方法可以求出：

$$T_1(n)=\frac{1}{\sqrt{5}}\left(\frac{1+\sqrt{5}}{2}\right)^n-\frac{1}{\sqrt{5}}\left(\frac{1-\sqrt{5}}{2}\right)^n\approx\frac{1}{\sqrt{5}}\left(\frac{1+\sqrt{5}}{2}\right)^n$$

所以 $T(n)=T_1(n)+1\approx\dfrac{1}{\sqrt{5}}\left(\dfrac{1+\sqrt{5}}{2}\right)^n+1=O(\varphi^n)$，其中 $\varphi=\dfrac{1+\sqrt{5}}{2}$。

8. **解**：设 $f(m)$ 计算数列第 m 项的值。

当 m 为偶数时不妨设 $m=2n$，则 $2n-1=m-1$，所以有 $f(m)=f(m-1)+2$。

当 m 为奇数时不妨设 $m=2n+1$，则 $2n-1=m-2$，$2n=m-1$，所以有 $f(m)=f(m-2)+f(m-1)-1$。

对应的递归算法如下：

```
int f(int m)
{    if (m==1) return 0;
     if (m%2==0)
         return f(m-1)+2;
     else
         return f(m-2)+f(m-1)-1;
}
```

9. **解**：设 $f(str)$ 返回字符串 str 的长度。其递归模型如下：

$$f(str)=0 \qquad 当 * str='\backslash0'时$$
$$f(str)=f(str+1)+1 \qquad 其他情况$$

对应的递归程序如下：

```
# include <iostream>
using namespace std;
int Length(char * str)                    //求 str 的字符个数
{    if ( * str=='\0')
         return 0;
     else
         return Length(str+1)+1;
}
void main( )
{    char str[]="abcd";
     cout << str << "的长度: " << Length(str) << endl;
}
```

上述程序的执行结果如图 1.11 所示。

图 1.11　程序执行结果

10. **解**：设 $f(str,n)$ 返回含 n 个字符的字符串 str 是否为回文。其递归模型如下：

$$f(str,n)=true \qquad 当 n=0 或者 n=1 时$$
$$f(str,n)=flase \qquad 当 str[0] \neq str[n-1] 时$$
$$f(str,n)=f(str+1,n-2) \qquad 其他情况$$

对应的递归算法如下：

```
# include <stdio.h>
# include <string.h>
bool isPal(char * str,int n)                    //str 回文判断算法
{    if (n==0 || n==1)
```

```
            return true;
        if (str[0]!=str[n-1])
            return false;
        return isPal(str+1,n-2);
}
void disp(char * str)
{   int n=strlen(str);
    if (isPal(str,n))
        printf(" %s 是回文\n",str);
    else
        printf(" %s 不是回文\n",str);
}
void main()
{   printf("求解结果\n");
    disp("abcba");
    disp("a");
    disp("abc");
}
```

上述程序的执行结果如图 1.12 所示。

图 1.12　程序执行结果

11.**解**：设 $f(L)$ 正序输出单链表 L 的所有结点值。其递归模型如下：

$f(L) \equiv$ 不做任何事情	当 $L=$ NULL 时
$f(L) \equiv$ 输出 $L \rightarrow$ data; $f(L \rightarrow$ next);	当 $L \neq$ NULL 时

对应的递归程序如下：

```
#include "LinkList.cpp"              //包含单链表的基本运算算法
void dispLink(LinkNode * L)          //正序输出所有结点值
{   if (L==NULL) return;
    else
    {   printf("%d ",L->data);
        dispLink(L->next);
    }
}
void main()
{   int a[]={1,2,5,2,3,2};
    int n=sizeof(a)/sizeof(a[0]);
    LinkNode * L;
```

```
    CreateList(L,a,n);                          //由 a[0..n-1]创建不带头结点的单链表
    printf("正向 L: ");
    dispLink(L); printf("\n");
    Release(L);                                 //销毁单链表
}
```

上述程序的执行结果如图 1.13 所示。

图 1.13　程序执行结果

12. **解**：设 $f(L)$ 逆序输出单链表 L 的所有结点值。其递归模型如下：

$f(L) \equiv$ 不做任何事情　　　　　　　　　　当 $L=$ NULL 时
$f(L) \equiv f(L \rightarrow next)$；输出 $L \rightarrow data$　　当 $L \neq$ NULL 时

对应的递归程序如下：

```
#include "LinkList.cpp"                        //包含单链表的基本运算算法
void Revdisp(LinkNode * L)                     //逆序输出所有结点值
{   if (L==NULL) return;
    else
    {   Revdisp(L -> next);
        printf("%d ",L -> data);
    }
}
void main()
{   int a[]={1,2,5,2,3,2};
    int n=sizeof(a)/sizeof(a[0]);
    LinkNode * L;
    CreateList(L,a,n);
    printf("反向 L: ");
    Revdisp(L); printf("\n");
    Release(L);
}
```

上述程序的执行结果如图 1.14 所示。

图 1.14　程序执行结果

13. **解**：设 $f(L)$ 返回单链表 L 中值最大的结点的地址。其递归模型如下：

$f(L) = L$	当 L 只有一个结点时
$f(L) = MAX\{f(L \rightarrow next), L \rightarrow data\}$	其他情况

对应的递归程序如下：

```cpp
#include "LinkList.cpp"                    //包含单链表的基本运算算法
LinkNode * Maxnode(LinkNode * L)           //返回最大值结点的地址
{   if (L -> next==NULL)
        return L;                          //只有一个结点时
    else
    {   LinkNode * maxp;
        maxp=Maxnode(L -> next);
        if (L -> data > maxp -> data)
            return L;
        else
            return maxp;
    }
}
void main( )
{   int a[]={1,2,5,2,3,2};
    int n=sizeof(a)/sizeof(a[0]);
    LinkNode * L, * p;
    CreateList(L,a,n);
    p=Maxnode(L);
    printf("最大结点值: %d\n",p -> data);
    Release(L);
}
```

上述程序的执行结果如图 1.15 所示。

图 1.15　程序执行结果

14. **解**：设 $f(L,x)$ 返回单链表 L 中第一个值为 x 的结点的地址。其递归模型如下：

$f(L,x) = NULL$	当 $L=NULL$ 时
$f(L,x) = L$	当 $L \neq NULL$ 且 $L \rightarrow data=x$ 时
$f(L,x) = f(L \rightarrow next, x)$	其他情况

对应的递归程序如下：

```cpp
#include "LinkList.cpp"                    //包含单链表的基本运算算法
LinkNode * Firstxnode(LinkNode * L, int x) //返回第一个值为 x 的结点的地址
```

```
{    if (L==NULL) return NULL;
     if (L -> data==x)
          return L;
     else
          return Firstxnode(L -> next, x);
}
void main( )
{    int a[]={1,2,5,2,3,2};
     int n=sizeof(a)/sizeof(a[0]);
     LinkNode ∗ L, ∗ p;
     CreateList(L, a, n);
     int x=2;
     p=Firstxnode(L, x);
     printf("结点值: %d\n", p -> data);
     Release(L);
}
```

上述程序的执行结果如图 1.16 所示。

图 1.16　程序执行结果

15. **解**：设 $f(L, x)$ 删除单链表 L 中第一个值为 x 的结点。其递归模型如下：

$f(L, x) \equiv$ 不做任何事情	当 $L =$ NULL 时
$f(L, x) \equiv$ 删除 L 结点，$L = L \to$ next	当 $L \neq$ NULL 且 $L \to$ data $= x$ 时
$f(L, x) \equiv f(L \to$ next, x)	其他情况

对应的递归程序如下：

```
# include "LinkList.cpp"              //包含单链表的基本运算算法
void Delfirstx(LinkNode ∗ &L, int x)   //删除单链表 L 中第一个值为 x 的结点
{    if (L==NULL) return;
     if (L -> data==x)
     {    LinkNode ∗ p=L;
          L=L -> next;
          free(p);
     }
     else
          Delfirstx(L -> next, x);
}
void main( )
{    int a[]={1,2,5,2,3,2};
     int n = sizeof(a)/sizeof(a[0]);
     LinkNode ∗ L;
```

```
        CreateList(L,a,n);
        printf("删除前 L: "); DispList(L);
        int x=2;
        printf("删除第一个值为%d 的结点\n",x);
        Delfirstx(L,x);
        printf("删除后 L: "); DispList(L);
        Release(L);
    }
```

上述程序的执行结果如图 1.17 所示。

图 1.17　程序执行结果

16. **解**：设 $f(\text{bt})$ 返回二叉树 bt 中所有叶子结点值之和。其递归模型如下：

$f(\text{bt})=0$	当 bt=NULL 时
$f(\text{bt})=\text{bt} \rightarrow \text{data}$	当 bt≠NULL 且 bt 结点为叶子结点时
$f(\text{bt})=f(\text{bt} \rightarrow \text{lchild})+f(\text{bt} \rightarrow \text{rchild})$	其他情况

对应的递归程序如下：

```
#include "Btree.cpp"                       //包含二叉树的基本运算算法
int LeafSum(BTNode * bt)                   //二叉树 bt 中所有叶子结点值之和
{   if (bt==NULL) return 0;
    if (bt -> lchild==NULL && bt -> rchild==NULL)
        return bt -> data;
    int lsum=LeafSum(bt -> lchild);
    int rsum=LeafSum(bt -> rchild);
    return lsum+rsum;
}
void main( )
{   BTNode * bt;
    Int a[]={5,2,3,4,1,6};                 //先序序列
    Int b[]={2,3,5,1,4,6};                 //中序序列
    int n=sizeof(a)/sizeof(a[0]);
    bt=CreateBTree(a,b,n);                 //由 a 和 b 构造二叉链 bt
    printf("二叉树 bt:"); DispBTree(bt); printf("\n");
    printf("所有叶子结点值之和:%d\n",LeafSum(bt));
    DestroyBTree(bt);                      //销毁树 bt
}
```

上述程序的执行结果如图 1.18 所示。

图 1.18　程序执行结果

17. **解**：设 $f(\mathrm{bt}, k)$ 返回二叉树 bt 中所有结点值大于等于 k 的结点个数。其递归模型如下：

$$
\begin{aligned}
&f(\mathrm{bt}, k)=0 && \text{当 bt}=\text{NULL 时} \\
&f(\mathrm{bt}, k)=f(\mathrm{bt}\text{->lchild}, k)+f(\mathrm{bt}\text{->rchild}, k)+1 && \text{当 bt}\ne\text{NULL 且 bt->data}\ge k \text{ 时} \\
&f(\mathrm{bt}, k)=f(\mathrm{bt}\text{->lchild}, k)+f(\mathrm{bt}\text{->rchild}, k) && \text{其他情况}
\end{aligned}
$$

对应的递归程序如下：

```
#include "Btree.cpp"                          //包含二叉树的基本运算算法
int Nodenum(BTNode * bt, int k)               //大于等于 k 的结点个数
{    if (bt==NULL) return 0;
     int lnum=Nodenum(bt->lchild, k);
     int rnum=Nodenum(bt->rchild, k);
     if (bt->data>=k)
         return lnum+rnum+1;
     else
         return lnum+rnum;
}
void main()
{    BTNode * bt;
     Int a[]={5,2,3,4,1,6};
     Int b[]={2,3,5,1,4,6};
     int n=sizeof(a)/sizeof(a[0]);
     bt=CreateBTree(a, b, n);                  //由 a 和 b 构造二叉链 bt
     printf("二叉树 bt:"); DispBTree(bt); printf("\n");
     int k=3;
     printf("大于等于%d 的结点个数: %d\n", k, Nodenum(bt, k));
     DestroyBTree(bt);                         //销毁树 bt
}
```

上述程序的执行结果如图 1.19 所示。

图 1.19　程序执行结果

18. **解**：设 $f(\text{bt},x,h)$ 返回二叉树 bt 中 x 结点的层次，其中 h 表示 bt 所指结点的层次，初始调用时 bt 指向根结点、h 置为 1。其递归模型如下：

$f(\text{bt},x,h)=0$	当 bt=NULL 时
$f(\text{bt},x,h)=h$	当 bt≠NULL 且 bt-> data=x 时
$f(\text{bt},x,h)=l$	当 $l=f(\text{bt}->\text{lchild},x,h+1)\neq0$ 时
$f(\text{bt},x,h)=f(\text{bt}->\text{rchild},x,h+1)$	其他情况

对应的递归程序如下：

```cpp
#include "Btree.cpp"                          //包含二叉树的基本运算算法
int Level(BTNode * bt,int x,int h)            //求二叉树 bt 中 x 结点的层次
{   //初始调用时 bt 为根、h 为 1
    if (bt==NULL) return 0;
    if (bt -> data==x)                        //找到 x 结点,返回 h
        return h;
    else
    {   int l=Level(bt -> lchild,x,h+1);      //在左子树中查找
        if (l!=0)                             //在左子树中找到,返回其层次 l
            return l;
        else
            return Level(bt -> rchild,x,h+1); //返回在右子树的查找结果
    }
}
void main()
{   BTNode * bt;
    Int a[]={5,2,3,4,1,6};
    Int b[]={2,3,5,1,4,6};
    int n=sizeof(a)/sizeof(a[0]);
    bt=CreateBTree(a,b,n);                    //由 a 和 b 构造二叉链 bt
    printf("二叉树 bt:"); DispBTree(bt); printf("\n");
    int x=1;
    printf("%d 结点的层次: %d\n",x,Level(bt,x,1));
    DestroyBTree(bt);                         //销毁树 bt
}
```

上述程序的执行结果如图 1.20 所示。

图 1.20　程序执行结果

1.3 第 3 章——分治法

1.3.1 练习题

1. 分治法的设计思想是将一个难以直接解决的大问题分割成规模较小的子问题,分别解决子问题,最后将子问题的解组合起来形成原问题的解,这要求原问题和子问题(   )。

    A. 问题规模相同,问题性质相同   B. 问题规模相同,问题性质不同

    C. 问题规模不同,问题性质相同   D. 问题规模不同,问题性质不同

2. 在寻找 n 个元素中第 k 小元素的问题中,如采用快速排序算法思想,运用分治法对 n 个元素进行划分,如何选择划分基准? 下面(   )答案最合理。

    A. 随机选择一个元素作为划分基准

    B. 取子序列的第一个元素作为划分基准

    C. 用中位数的中位数方法寻找划分基准

    D. 以上皆可行,但不同方法的算法复杂度上界可能不同

3. 对于下列二分查找算法,正确的是(   )。

    A.

```
int binarySearch(int a[], int n, int x)
{    int low=0, high=n-1;
     while(low<=high)
     {    int mid=(low+high)/2;
          if(x==a[mid]) return mid;
          if(x>a[mid]) low=mid;
              else high=mid;
     }
     return -1;
}
```

    B.

```
int binarySearch(int a[], int n, int x)
{    int low=0, high=n-1;
     while(low+1!=high)
     {    int mid=(low+high)/2;
          if(x>=a[mid]) low=mid;
              else high=mid;
     }
     if(x==a[low]) return low;
     else return -1;
}
```

C.

```
int binarySearch(int a[], int n, int x)
{   int low＝0, high＝n－1;
    while(low＜high－1)
    {   int mid＝(low＋high)/2;
        if(x＜a[mid])
            high＝mid;
        else low＝mid;
    }
    if(x＝＝a[low]) return low;
    else return －1;
}
```

D.

```
int binarySearch(int a[], int n, int x)
{   if(n＞0 && x＞＝ a[0])
    {   int low ＝ 0, high ＝ n－1;
        while(low＜high)
        {   int mid＝(low＋high＋1)/2;
            if(x＜a[mid])
                high＝mid－1;
            else low＝mid;
        }
        if(x＝＝a[low]) return low;
    }
    return － 1;
}
```

4. 快速排序算法是根据分治策略来设计的,简述其基本思想。

5. 假设含有 n 个元素的待排序数据 a 恰好是递减排列的,说明调用 QuickSort(a,0,$n-1$)递增排序的时间复杂度为 $O(n^2)$。

6. 以下哪些算法采用分治策略:

(1) 堆排序算法;

(2) 二路归并排序算法;

(3) 折半查找算法;

(4) 顺序查找算法。

7. 适合并行计算的问题通常表现出哪些特征?

8. 设有两个复数 $x=a+bi$ 和 $y=c+di$。复数乘积 xy 可以使用 4 次乘法来完成,即 $xy=(ac-bd)+(ad+bc)i$。设计一个仅用 3 次乘法来计算乘积 xy 的方法。

9. 有 4 个数组 a、b、c 和 d,都已经排好序,说明找出这 4 个数组的交集的方法。

10. 设计一个算法,采用分治法求一个整数序列中的最大和最小元素。

11. 设计一个算法,采用分治法求 x^n。

12. 假设二叉树采用二叉链存储结构进行存储,设计一个算法采用分治法求一棵二叉树 bt 的高度。

13. 假设二叉树采用二叉链存储结构进行存储,设计一个算法采用分治法求一棵二叉树 bt 中度为 2 的结点个数。

14. 有一种二叉排序树,其定义为空树是一棵二叉排序树,若不空,左子树中的所有结点值小于根结点值,右子树中的所有结点值大于根结点值,并且左、右子树都是二叉排序树。现在该二叉排序树采用二叉链存储,采用分治法设计查找值为 x 的结点地址,并分析算法的最好平均时间复杂度。

15. 设有 n 个互不相同的整数,按递增顺序存放在数组 $a[0..n-1]$ 中,若存在一个下标 $i(0 \leqslant i < n)$,使得 $a[i]=i$,设计一个算法以 $O(\log_2 n)$ 时间找到这个下标 i。

16. 请模仿二分查找过程设计一个三分查找算法,分析其时间复杂度。

17. 对于大于 1 的正整数 n,可以分解为 $n=x_1 * x_2 * \cdots * x_m$,其中 $x_i \geqslant 2$。例如,$n=12$ 时有 8 种不同的分解式,即 $12=12$、$12=6*2$、$12=4*3$、$12=3*4$、$12=3*2*2$、$12=2*6$、$12=2*3*2$、$12=2*2*3$,设计一个算法求 n 的不同分解式的个数。

18. 设计一个基于BSP模型的并行算法,假设有 p 台处理器,计算整数数组 $a[0..n-1]$ 的所有元素之和,并分析算法的时间复杂度。

1.3.2　练习题参考答案

1. 答：C。

2. 答：D。

3. 答：以 $a[]=\{1,2,3,4,5\}$ 为例说明。选项 A 中在查找 5 时出现死循环,选项 B 中在查找 5 时返回 -1,选项 C 中在查找 5 时返回 -1。选项 D 正确。

4. 答：对于无序序列 $a[low..high]$ 进行快速排序,整个排序为"大问题"。选择其中的一个基准 base$=a[i]$(通常以序列中的第一个元素为基准),将所有小于等于 base 的元素移动到它的前面,将所有大于等于 base 的元素都移动到它的后面,即将基准归位到 $a[i]$,这样产生 $a[low..i-1]$ 和 $a[i+1..high]$ 两个无序序列,它们的排序为"小问题"。当 $a[low..high]$ 序列只有一个元素或者为空时对应递归出口。

所以快速排序算法就是采用分治策略将一个"大问题"分解为两个"小问题"来求解。由于元素都是在 a 数组中,其合并过程是自然产生的,不需要特别设计。

5. 答：此时快速排序对应的递归树的高度为 $O(n)$,每一次划分对应的时间为 $O(n)$,所以整个排序时间为 $O(n^2)$。

6. 答：其中二路归并排序和折半查找算法采用分治策略。

7. 答：适合并行计算的问题通常表现出以下特征。

(1) 将工作分离成离散部分,有助于同时解决。例如,对于分治法设计的串行算法,可以将各个独立的子问题并行求解,最后合并成整个问题的解,从而转化为并行算法。

(2) 随时并及时地执行多个程序指令。

(3) 多计算资源下解决问题的耗时要少于单个计算资源下的耗时。

8. 答：$xy=(ac-bd)+((a+b)(c+d)-ac-bd)i$。由此可见,这样计算 xy 只需要 3 次乘法(即 ac、bd 和 $(a+b)(c+d)$ 乘法运算)。

9. 答：采用基本的二路归并思路,先求出 a、b 的交集 ab,再求出 c、d 的交集 cd,最后求出 ab 和 cd 的交集,即为最后的结果。当然,也可以直接采用 4 路归并方法求解。

10. **解**：采用类似求一个整数序列中的最大、次大元素的分治法思路。对应的程序如下：

```
#include <stdio.h>
#define max(x,y) ((x)>(y)?(x):(y))
#define min(x,y) ((x)<(y)?(x):(y))
void MaxMin(int a[],int low,int high,int &maxe,int &mine)    //求 a 中的最大、最小元素
{   if (low==high)                                           //只有一个元素
    {   maxe=a[low];
        mine=a[low];
    }
    else if (low==high-1)                                    //只有两个元素
    {   maxe=max(a[low],a[high]);
        mine=min(a[low],a[high]);
    }
    else                                                     //有两个以上元素
    {   int mid=(low+high)/2;
        int lmaxe,lmine;
        MaxMin(a,low,mid,lmaxe,lmine);
        int rmaxe,rmine;
        MaxMin(a,mid+1,high,rmaxe,rmine);
        maxe=max(lmaxe,rmaxe);
        mine=min(lmine,rmine);
    }
}
void main()
{   int a[]={4,3,1,2,5};
    int n=sizeof(a)/sizeof(a[0]);
    int maxe,mine;
    MaxMin(a,0,n-1,maxe,mine);
    printf("Max=%d, Min=%d\n",maxe,mine);
}
```

上述程序的执行结果如图 1.21 所示。

图 1.21　程序执行结果

11. **解**：设 $f(x,n)=x^n$。采用分治法求解时对应的递归模型如下：

$f(x,n)=x$	当 $n=1$ 时
$f(x,n)=f(x,n/2)*f(x,n/2)$	当 n 为偶数时
$f(x,n)=f(x,(n-1)/2)*f(x,(n-1)/2)*x$	当 n 为奇数时

对应的递归程序如下：

```
#include <stdio.h>
double solve(double x, int n)                       //求 x ^ n
{    double fv;
     if (n==1) return x;
     if (n%2==0)
     {    fv=solve(x, n/2);
          return fv * fv;
     }
     else
     {    fv=solve(x, (n-1)/2);
          return fv * fv * x;
     }
}
void main( )
{    double x=2.0;
     printf("求解结果:\n");
     for (int i=1; i<=10; i++)
          printf(" %g ^ %d = %g\n", x, i, solve(x, i));
}
```

上述程序的执行结果如图 1.22 所示。

图 1.22   程序执行结果

12. **解**：设 $f(\text{bt})$ 返回二叉树 bt 的高度。对应的递归模型如下：

$$f(\text{bt})=0 \qquad\qquad\qquad\qquad\qquad \text{当 bt=NULL 时}$$
$$f(\text{bt})=\text{MAX}\{f(\text{bt}\to\text{lchild}), f(\text{bt}\to\text{rchild})\}+1 \qquad \text{其他情况}$$

对应的程序如下：

```
#include "Btree.cpp"                      //包含二叉树的基本运算算法
int Height(BTNode * bt)                   //求二叉树 bt 的高度
{    if (bt==NULL) return 0;
     int lh=Height(bt->lchild);           //子问题1
     int rh=Height(bt->rchild);           //子问题2
```

```
        if (lh > rh) return lh+1;                        //合并
        else return rh+1;
}
void main( )
{   BTNode * bt;
    Int a[]={5,2,3,4,1,6};
    Int b[]={2,3,5,1,4,6};
    int n=sizeof(a)/sizeof(a[0]);
    bt=CreateBTree(a,b,n);                          //由 a 和 b 构造二叉链 bt
    printf("二叉树 bt:"); DispBTree(bt); printf("\n");
    printf("bt 的高度: %d\n",Height(bt));
    DestroyBTree(bt);                              //销毁树 bt
}
```

上述程序的执行结果如图 1.23 所示。

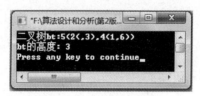

图 1.23 程序执行结果

13. **解**：设 $f(bt)$ 返回二叉树 bt 中度为 2 的结点的个数。对应的递归模型如下：

$f(bt)=0$	当 bt=NULL 时
$f(bt)=f(bt\!\rightarrow\!lchild)+f(bt\!\rightarrow\!rchild)+1$	若 bt≠NULL 且 bt 为双分支结点
$f(bt)=f(bt\!\rightarrow\!lchild)+f(bt\!\rightarrow\!rchild)$	其他情况

对应的算法如下：

```
#include "Btree.cpp"                          //包含二叉树的基本运算算法
int Nodes(BTNode * bt)                        //求 bt 中度为 2 的结点的个数
{   int n=0;
    if (bt==NULL) return 0;
    if (bt -> lchild!=NULL && bt -> rchild!=NULL)
        n=1;
    return Nodes(bt -> lchild)+Nodes(bt -> rchild)+n;
}
void main( )
{   BTNode * bt;
    Int a[]={5,2,3,4,1,6};
    Int b[]={2,3,5,1,4,6};
    int n=sizeof(a)/sizeof(a[0]);
    bt=CreateBTree(a,b,n); //由 a 和 b 构造二叉链 bt
    printf("二叉树 bt:"); DispBTree(bt); printf("\n");
    printf("bt 中度为 2 的结点个数: %d\n",Nodes(bt));
    DestroyBTree(bt);                          //销毁树 bt
}
```

上述程序的执行结果如图 1.24 所示。

图 1.24　程序执行结果

14. **解**：设 $f(\text{bt}, x)$ 返回在二叉排序树 bt 中得到的值为 x 的结点的地址,若没有找到返回空。对应的递归模型如下：

$$
\begin{aligned}
f(\text{bt}, x) &= \text{NULL} & \text{当 bt} &= \text{NULL 时} \\
f(\text{bt}, x) &= \text{bt} & \text{当 bt} &\neq \text{NULL 且 } x = \text{bt} \to \text{data 时} \\
f(\text{bt}, x) &= f(\text{bt} \to \text{lchild}, x) & \text{当 } x &> \text{bt} \to \text{data 时} \\
f(\text{bt}, x) &= f(\text{bt} \to \text{rchild}, x) & \text{当 } x &< \text{bt} \to \text{data 时}
\end{aligned}
$$

对应的程序如下：

```
# include "Btree.cpp"                        //包含二叉树的基本运算算法
BTNode * Search(BTNode * bt, Int x)          //在二叉排序树 bt 中查找值为 x 的结点
{    if (bt==NULL) return NULL;
     if (x==bt -> data) return bt;
     if (x < bt -> data) return Search(bt -> lchild, x);
     else return Search(bt -> rchild, x);
}
void main()
{    BTNode * bt;
     Int a[]={4,3,2,8,6,7,9};
     Int b[]={2,3,4,6,7,8,9};
     int n=sizeof(a)/sizeof(a[0]);
     bt=CreateBTree(a,b,n);                   //构造一棵二叉排序树 bt
     printf("二叉排序树 bt:"); DispBTree(bt); printf("\n");
     int x=6;
     BTNode * p=Search(bt,x);
     if (p!=NULL)
         printf("找到结点：%d\n", p -> data);
     else
         printf("没有找到结点\n", x);
     DestroyBTree(bt);                        //销毁树 bt
}
```

上述程序的执行结果如图 1.25 所示。

图 1.25　程序执行结果

Search(bt,x)算法采用的是减治法,最好的情况是某个结点左、右子树的高度大致相同。其平均执行时间 $T(n)$ 如下:

$$T(n)=1 \qquad 当 n=1 时$$
$$T(n)=T(n/2)+1 \qquad 当 n>1 时$$

可以推出 $T(n)=O(\log_2 n)$,其中 n 为二叉排序树的结点个数。

15. **解**:采用二分查找方法。$a[i]=i$ 时表示该元素在有序非重复序列 a 中恰好第 i 大。对于序列 $a[low..high]$,$mid=(low+high)/2$,若 $a[mid]=mid$ 表示找到该元素;若 $a[mid]>mid$ 说明右区间的所有元素都大于其位置,只能在左区间中查找;若 $a[mid]<mid$ 说明左区间的所有元素都小于其位置,只能在右区间中查找。对应的程序如下:

```c
#include <stdio.h>
int Search(int a[],int n)              //查找使得 a[i]=i
{   int low=0,high=n-1,mid;
    while (low<=high)
    {   mid=(low+high)/2;
        if (a[mid]==mid)                //查找到这样的元素
            return mid;
        else if (a[mid]<mid)            //这样的元素只能在右区间中出现
            low=mid+1;
        else                            //这样的元素只能在左区间中出现
            high=mid-1;
    }
    return -1;
}
void main()
{   int a[]={-2,-1,2,4,6,8,9};
    int n=sizeof(a)/sizeof(a[0]);
    int i=Search(a,n);
    printf("求解结果\n");
    if (i!=-1)
        printf(" 存在 a[%d]=%d\n",i,i);
    else
        printf(" 不存在\n");
}
```

上述程序的执行结果如图 1.26 所示。

图 1.26 程序执行结果

16. **解**：对于有序序列 $a[low..high]$，若元素个数少于 3 个，直接查找；若含有更多的元素，将其分为 $a[low..mid1-1]$、$a[mid1+1..mid2-1]$、$a[mid2+1..high]$ 子序列，对每个子序列递归查找，算法的时间复杂度为 $O(\log_3 n)$，属于 $O(\log_2 n)$ 级别。对应的算法如下：

```c
#include <stdio.h>
int Search(int a[],int low,int high,int x)      //三分查找
{   if (high<low)                               //序列中没有元素
        return -1;
    else if (high==low)                         //序列中只有一个元素
    {   if (x==a[low])
            return low;
        else
            return -1;
    }
    if (high-low<2)                             //序列中只有两个元素
    {   if (x==a[low])
            return low;
        else if (x==a[low+1])
            return low+1;
        else
            return -1;
    }
    int length=(high-low+1)/3;                  //每个子序列的长度
    int mid1=low+length;
    int mid2=high-length;
    if (x==a[mid1])
        return mid1;
    else if (x<a[mid1])
        return Search(a,low,mid1-1,x);
    else if (x==a[mid2])
        return mid2;
    else if (x<a[mid2])
        return Search(a,mid1+1,mid2-1,x);
    else
        return Search(a,mid2+1,high,x);
}
void main()
{   int a[]={1,3,5,7,9,11,13,15};
    int n=sizeof(a)/sizeof(a[0]);
    printf("求解结果\n");
    int x=13;
    int i=Search(a,0,n-1,x);
    if (i!=-1)
        printf(" a[%d]=%d\n",i,x);
    else
        printf(" 不存在%d\n",x);
    int y=10;
    int j=Search(a,0,n-1,y);
    if (j!=-1)
```

```
        printf(" a[%d]=%d\n",j,y);
    else
        printf(" 不存在%d\n",y);
}
```

上述程序的执行结果如图 1.27 所示。

17. **解**：设 $f(n)$ 表示 n 的不同分解式个数。有：

$f(1)=1$，作为递归出口

$f(2)=1$，分解式为 $2=2$

$f(3)=1$，分解式为 $3=3$

$f(4)=2$，分解式为 $4=4,4=2*2$

$f(6)=3$，分解式为 $6=6,6=2*3,6=3*2$，即 $f(6)=f(1)+f(2)+f(3)$

以此类推，可以看出 $f(n)$ 为 n 的所有因数的不同分解式个数之和，即 $f(n)=\sum_{n\%i=0} f(n/i)$。对应的程序如下：

```c
#include <stdio.h>
#define MAX 101
int solve(int n)              //求 n 的不同分解式个数
{   if (n==1) return 1;
    else
    {   int sum=0;
        for (int i=2;i<=n;i++)
            if (n%i==0)
                sum+=solve(n/i);
            return sum;
    }
}
void main()
{   int n=12;
    int ans=solve(n);
    printf("结果: %d\n",ans);
}
```

上述程序的执行结果如图 1.28 所示。

图 1.27　程序执行结果　　　　　　　图 1.28　程序执行结果

18. **解**：对应的并行算法如下。

```
int Sum(int a[],int s,int t,int p,int i)              //处理器 i 执行求和
{   int j,s=0;
    for (j=s;j<=t;j++)
        s+=a[j];
    return s;
}
int ParaSum(int a[],int s,int t,int p,int i)
{   int sum=0,j,k=0,sj;
    for (j=0;j<p;j++)                                  //for 循环的各个子问题并行执行
    {   sj=Sum(a,k,k+n/p-1,p,j);
        k+=n/p;
    }
    sum+=sj;
    return sum;
}
```

每个处理器的执行时间为 $O(n/p)$、同步开销为 $O(p)$，所以该算法的时间复杂度为
$O(n/p+p)$。

1.4 第4章——蛮力法

1.4.1 练习题

1. 简要比较蛮力法和分治法。

2. 采用蛮力法求解时在什么情况下使用递归？

3. 考虑下面这个算法，它求的是数组 a 中大小相差最小的两个元素的差。请对这个算法做尽可能多的改进。

```
# define INF 99999
# define abs(x) (x)<0?-(x):(x)                         //求绝对值
int Mindif(int a[],int n)
{   int dmin=INF;
    for (int i=0;i<=n-2;i++)
        for (int j=i+1;j<=n-1;j++)
        {   int temp=abs(a[i]-a[j]);
            if (temp<dmin)
                dmin=temp;
        }
    return dmin;
}
```

4. 给定一个整数数组 $A=(a_0,a_1,\cdots,a_{n-1})$，若 $i<j$ 且 $a_i>a_j$，则 $<a_i,a_j>$ 就为一个逆序对。例如数组(3,1,4,5,2)的逆序对有 $<3,1>$、$<3,2>$、$<4,2>$、$<5,2>$。设计一个算法

采用蛮力法求 A 中逆序对的个数,即逆序数。

5. 对于给定的正整数 $n(n>1)$,采用蛮力法求 $1!+2!+\cdots+n!$,并改进该算法提高效率。

6. 有一群鸡和一群兔,它们的只数相同,它们的脚数都是三位数,且这两个三位数的各位数字只能是 0、1、2、3、4、5。设计一个算法用蛮力法求鸡和兔各有多少只? 它们的脚数各是多少?

7. 有一个三位数,个位数字比百位数字大,百位数字又比十位数字大,并且各位数字之和等于各位数字相乘之积,设计一个算法用穷举法求此三位数。

8. 某年级的同学集体去公园划船,如果每只船坐 10 人,那么多出两个座位;如果每只船多坐两人,那么可少租 1 只船,设计一个算法用蛮力法求该年级的最多人数。

9. 若一个合数的质因数分解式逐位相加之和等于其本身逐位相加之和,则称这个数为 Smith 数。例如 $4937775=3\times5\times5\times65837$,而 $3+5+5+6+5+8+3+7=42,4+9+3+7+7+7+5=42$,所以 4937775 是 Smith 数。给定一个正整数 N,求大于 N 的最小 Smith 数。

输入描述:若干个 case,每个 case 一行代表正整数 N,输入 0 表示结束。

输出描述:大于 N 的最小 Smith 数。

输入样例:

```
4937774
0
```

样例输出:

```
4937775
```

10. 求解涂棋盘问题。小易有一块 $n\times n$ 的棋盘,棋盘的每一个格子都为黑色或者白色,小易现在要用他喜欢的红色去涂画棋盘。小易会找出棋盘的某一列中拥有相同颜色的最大区域去涂画,帮助小易算算他会涂画多少个棋格。

输入描述:输入数据包括 $n+1$ 行,第 1 行为一个整数 $n(1\leqslant n\leqslant50)$,即棋盘的大小;接下来的 n 行每行一个字符串表示第 i 行棋盘的颜色,'W' 表示白色、'B' 表示黑色。

输出描述:输出小易会涂画的区域大小。

输入样例:

```
3
BWW
BBB
BWB
```

样例输出:

```
3
```

11. 给定一个含 $n(n>1)$ 个整数元素的 a，所有元素都不相同，采用蛮力法求出 a 中所有元素的全排列。

1.4.2　练习题参考答案

1. **答**：蛮力法是一种简单、直接地解决问题的方法，适用范围广，是能解决几乎所有问题的一般性方法，常用于一些非常基本但又十分重要的算法（排序、查找、矩阵乘法和字符串匹配等）。蛮力法主要解决一些规模小或价值低的问题，可以作为同样问题的更高效算法的一个标准。分治法采用分而治之的思路，把一个复杂的问题分成两个或更多个相同或相似的子问题，再把子问题分成更小的子问题直到问题解决。在用分治法求解问题时通常性能比蛮力法好。

2. **答**：如果用蛮力法求解的问题可以分解为若干个规模较小的相似子问题，此时可以采用递归来实现算法。

3. **解**：上述算法的时间复杂度为 $O(n^2)$，采用的是最基本的蛮力法。可以先对 a 中的元素递增排序，然后依次比较相邻元素的差，求出最小差。改进后的算法如下：

```
＃include <stdio.h>
＃include <algorithm>
using namespace std;
int Mindif1(int a[],int n)
{    sort(a,a＋n);                              //递增排序
     int dmin＝a[1]－a[0];
     for (int i＝2;i<n;i＋＋)
     {    int temp＝a[i]－a[i-1];
          if (temp<dmin)
              dmin＝temp;
     }
     return dmin;
}
```

上述算法的时间主要花费在排序上，算法的时间复杂度为 $O(n\log_2 n)$。

4. **解**：采用两重循环直接判断是否为逆序对，算法的时间复杂度为 $O(n^2)$，比第 3 章中实验 3 的算法的性能差。对应的算法如下：

```
int solve(int a[],int n)                      //求逆序数
{    int ans＝0;
     for (int i＝0;i<n-1;i＋＋)
         for (int j＝i+1;j<n;j＋＋)
             if (a[i]>a[j])
                 ans＋＋;
     return ans;
}
```

5. **解**：直接采用蛮力法求解的算法如下。

```
long f(int n)                                 //求 n!
{    long fn＝1;
```

```
        for (int i=2;i<=n;i++)
            fn=fn * i;
        return fn;
    }
    long solve(int n)                        //求 1!+2!+…+n!
    {   long ans=0;
        for (int i=1;i<=n;i++)
            ans+=f(i);
        return ans;
    }
```

实际上,$f(n)=f(n-1)*n$,$f(1)=1$,在求 $f(n)$ 时可以利用 $f(n-1)$ 的结果。改进后的算法如下:

```
    long solve1(int n)                       //求 1!+2!+…+n!
    {   long ans=0;
        long fn=1;
        for (int i=1;i<=n;i++)
        {   fn=fn * i;
            ans+=fn;
        }
        return ans;
    }
```

6. **解**:设鸡脚数为 $y=abc$、兔脚数为 $z=def$,有 $1\leq a$、$d\leq 5$,$0\leq b,c,e,f\leq 5$,采用 6 重循环,求出鸡只数 $x1=y/2$(y 是 2 的倍数)、兔只数 $x2=z/4$(z 是 4 的倍数),当 $x1=x2$ 时输出结果。对应的程序如下:

```
    #include <stdio.h>
    void solve()
    {   int a,b,c,d,e,f;
        int x1,x2,y,z;
        for (a=1;a<=5;a++)
            for (b=0;b<=5;b++)
                for (c=0;c<=5;c++)
                    for (d=1;d<=5;d++)
                        for (e=0;e<=5;e++)
                            for (f=0;f<=5;f++)
                            {   y=a * 100+b * 10+c;           //鸡脚数
                                z=d * 100+e * 10+f;           //兔脚数
                                if (y%2!=0 || z%4!=0)
                                    continue;
                                x1=y/2;                       //鸡只数
                                x2=z/4;                       //兔只数
                                if (x1==x2)
                                    printf(" 鸡只数:%d,兔只数:%d,鸡脚数:%d,
                                        兔脚数:%d\n",x1,x2,y,z);
                            }
```

```
}
void main( )
{    printf("求解结果\n");
     solve( );
}
```

上述程序的执行结果如图 1.29 所示。

图 1.29　程序执行结果

7. **解**：设该三位数为 $x = abc$，有 $1 \leqslant a \leqslant 9, 0 \leqslant b, c \leqslant 9$，满足 $c > a, a > b, a + b + c = a * b * c$。对应的程序如下：

```
#include <stdio.h>
void solve( )
{    int a,b,c;
     for (a=1;a<=9;a++)
         for (b=0;b<=9;b++)
             for (c=0;c<=9;c++)
             {    if (c>a && a>b && a+b+c==a*b*c)
                      printf(" %d%d%d\n",a,b,c);
             }
}
void main( )
{    printf("求解结果\n");
     solve( );
}
```

上述程序的执行结果如图 1.30 所示。

图 1.30　程序执行结果

8. **解**：设该年级的人数为 x、租船数为 y。因为每只船坐 10 人正好多出两个座位，则 $x=10*y-2$；因为每只船多坐两人（即 12 人时）可少租 1 只船（没有说恰好全部座位占满），有 $x+z=12*(y-1)$，z 表示此时空出的座位，显然 $z<12$。让 y 从 1 到 100（实际上 y 取更大范围的结果是相同的）、z 从 0 到 11 枚举，求出最大的 x 即可。对应的程序如下：

```c
#include <stdio.h>
int solve()
{   int x,y,z;
    for (y=1;y<=100;y++)
        for (z=0;z<12;z++)
            if (10*y-2==12*(y-1)-z)
                x=10*y-2;
    return x;
}
void main()
{   printf("求解结果\n");
    printf(" 最多人数:%d\n",solve());
}
```

上述程序的执行结果如图 1.31 所示。

图 1.31 程序执行结果

9. **解**：采用蛮力法求出一个正整数 n 的各位数字和 sum1 以及 n 的所有质因数的数字和 sum2，若 sum1＝sum2，即为 Smitch 数。从用户输入的 n 开始枚举，若是 Smitch 数，输出，本次查找结束，否则 $n++$ 继续查找大于 n 的最小 Smitch 数。对应的完整程序如下：

```c
#include <stdio.h>
int Sum(int n)                          //求 n 的各位数字和
{   int sum=0;
    while (n>0)
    {   sum+=n%10;
        n=n/10;
    }
    return sum;
}

bool solve(int n)                       //判断 n 是否为 Smitch 数
{   int m=2;
    int sum1=Sum(n);
    int sum2=0;
    while (n>=m)
    {   if (n%m==0)                     //找到一个质因数 m
```

```
        {   n=n/m;
            sum2+=Sum(m);
        }
        else
            m++;
    }
    if (sum1==sum2)
        return true;
    else
        return false;
}
void main( )
{   int n;
    while (true)
    {   scanf("%d",&n);
        if (n==0) break;
        while (!solve(n))
            n++;
        printf("%d\n",n);
    }
}
```

10. **解**：采用蛮力法统计每一列中相邻的相同颜色的棋格个数 countj，在 countj 中求最大值。对应的程序如下：

```
#include <stdio.h>
#define MAXN 51
//问题表示
int n;
char board[MAXN][MAXN];
int getMaxArea( )                          //蛮力法求解算法
{   int maxArea=0;
    for (int j=0; j<n; j++)
    {   int countj=1;
        for (int i=1; i<n; i++)            //统计第 j 列中相同颜色的相邻棋格个数
        {   if (board[i][j]==board[i-1][j])
                countj++;
            else
                countj=1;
        }
        if (countj>maxArea)
            maxArea=countj;
    }
    return maxArea;
}
int main( )
{   scanf("%d",&n);
    for (int i=0;i<n;i++)
        scanf("%s",board[i]);
```

```
        printf("%d\n",getMaxArea());
        return 0;
}
```

11. **解**：与《教程》中求全排列类似，但需要将求 $1\sim n$ 的全排列改为按下标 $0\sim n-1$ 求 a 的全排列（下标从 0 开始）。采用非递归的程序如下：

```
# include < stdio.h >
# include < vector >
using namespace std;
vector < vector < int >> ps;                          //存放全排列
void Insert(vector < int > s,int a[],int i,vector < vector < int >> &ps1)
//在每个集合元素中间插入 i 得到 ps1
{    vector < int > s1;
     vector < int >::iterator it;
     for (int j=0;j<=i;j++)                          //在 s(含 i 个整数)的每个位置插入 a[i]
     {    s1=s;
          it=s1.begin()+j;                            //求出插入位置
          s1.insert(it,a[i]);                          //插入整数 a[i]
          ps1.push_back(s1);                          //添加到 ps1 中
     }
}

void Perm(int a[],int n)                              //求 a[0..n-1]的所有全排列
{    vector < vector < int >> ps1;                    //临时存放子排列
     vector < vector < int >>::iterator it;            //全排列迭代器
     vector < int > s,s1;
     s.push_back(a[0]);
     ps.push_back(s);                                 //添加{a[0]}集合元素
     for (int i=1;i<n;i++)                            //循环添加 a[1]~a[n-1]
     {    ps1.clear();                                //ps1 存放插入 a[i]的结果
          for (it=ps.begin();it!=ps.end();++it)
               Insert( * it,a,i,ps1);                 //在每个集合元素中间插入 a[i]得到 ps1
          ps=ps1;
     }
}

void dispps()                                         //输出全排列 ps
{    vector < vector < int >>::reverse_iterator it;    //全排列的反向迭代器
     vector < int >::iterator sit;                     //排列集合元素迭代器
     for (it=ps.rbegin();it!=ps.rend();++it)
     {    for (sit=( * it).begin();sit!=( * it).end();++sit)
               printf("%d", * sit);
          printf(" ");
     }
     printf("\n");
}

void main()
{    int a[]={2,5,8};
     int n=sizeof(a)/sizeof(a[0]);
     printf("a[0~%d]的全排序如下:\n ",n-1);
```

```
    Perm(a,n);
    dispps();
}
```

上述程序的执行结果如图 1.32 所示。

图 1.32 程序执行结果

1.5 第 5 章——回溯法

1.5.1 练习题

1. 回溯法在问题的解空间树中按( )策略从根结点出发搜索解空间树。

    A. 广度优先   B. 活结点优先   C. 扩展结点优先   D. 深度优先

2. 关于回溯法以下叙述中不正确的是( )。

    A. 回溯法有"通用解题法"之称,它可以系统地搜索一个问题的所有解或任意解

    B. 回溯法是一种既带系统性又带跳跃性的搜索算法

    C. 回溯算法需要借助队列这种结构来保存从根结点到当前扩展结点的路径

    D. 回溯算法在生成解空间的任一结点时先判断该结点是否可能包含问题的解,如果肯定不包含,则跳过对该结点为根的子树的搜索,逐层向祖先结点回溯

3. 回溯法的效率不依赖于下列( )。

    A. 确定解空间的时间   B. 满足显式约束的值的个数

    C. 计算约束函数的时间   D. 计算限界函数的时间

4. 下面( )是回溯法中为避免无效搜索采取的策略。

    A. 递归函数   B. 剪枝函数   C. 随机数函数   D. 搜索函数

5. 回溯法的搜索特点是什么?

6. 用回溯法解 0/1 背包问题时,该问题的解空间是何种结构?用回溯法解流水作业调度问题时,该问题的解空间是何种结构?

7. 对于递增序列 $a[]=\{1,2,3,4,5\}$,采用《教程》例 5.5 的回溯法求全排列,以 1、2 开头的排列一定最先出现吗?为什么?

8. 考虑 n 皇后问题,其解空间树由 1、2、…、n 构成的 $n!$ 种排列所组成。现用回溯法求解,要求:

(1) 通过解搜索空间说明 $n=3$ 时是无解的。

(2) 给出剪枝操作。

(3) 最坏情况下在解空间树上会生成多少个结点？分析算法的时间复杂度。

9. 设计一个算法求解简单装载问题。设有一批集装箱要装上一艘载重量为 W 的轮船，其中编号为 $i(0 \leqslant i \leqslant n-1)$ 的集装箱的重量为 w_i。现要从 n 个集装箱中选出若干个装上轮船，使它们的重量之和正好为 W。如果找到任一种解，返回 true，否则返回 false。

10. 给定若干个正整数 a_0、a_1、$\cdots$、a_{n-1}，从中选出若干个数，使它们的和恰好为 k，要求找选择元素个数最少的解。

11. 设计求解有重复元素的排列问题的算法。设有 n 个元素 $a[\ ] = \{a_0, a_1, \cdots, a_{n-1}\}$，其中可能含有重复的元素，求这些元素的所有不同排列。例如 $a[\ ] = \{1, 1, 2\}$，输出结果是 $(1,1,2)$、$(1,2,1)$、$(2,1,1)$。

12. 采用递归回溯法设计一个算法，求从 $1 \sim n$ 的 n 个整数中取出 m 个元素的排列，要求每个元素最多只能取一次。例如，$n=3$、$m=2$ 的输出结果是 $(1,2)$、$(1,3)$、$(2,1)$、$(2,3)$、$(3,1)$、$(3,2)$。

13. 对于 n 皇后问题，有人认为当 n 为偶数时，其解具有对称性，即 n 皇后问题的解个数恰好为 $n/2$ 皇后问题的解个数的 2 倍，这个结论正确吗？请编写回溯法程序对 $n=4$、6、8、10 的情况进行验证。

14. 给定一个无向图，由指定的起点前往指定的终点，途中经过所有其他顶点且只经过一次，称为哈密顿路径，闭合的哈密顿路径称作**哈密顿回路**（Hamiltonian cycle）。设计一个回溯算法求无向图的所有哈密顿回路。

1.5.2　练习题参考答案

1. **答**：D。

2. **答**：回溯算法是采用深度优先遍历的，需要借助系统栈结构来保存从根结点到当前扩展结点的路径。答案为 C。

3. **答**：回溯法解空间是虚拟的，不必确定整个解空间。答案为 A。

4. **答**：B。

5. **答**：回溯法在解空间树中采用深度优先遍历方式进行解搜索，即用约束条件和限界函数考察解向量元素 $x[i]$ 的取值，如果 $x[i]$ 是合理的就搜索 $x[i]$ 为根结点的子树，如果 $x[i]$ 取完了所有的值便回溯到 $x[i-1]$。

6. **答**：用回溯法解 0/1 背包问题时，该问题的解空间是子集树结构；用回溯法解流水作业调度问题时，该问题的解空间是排列树结构。

7. **答**：是的。对应的解空间是一棵排列树，图 1.33 给出前面 3 层部分，显然最先产生的排列是从 G 结点扩展出来的叶子结点，它们就是以 1、2 开头的排列。

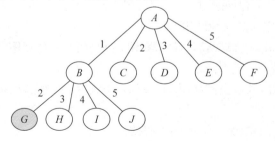

图 1.33　部分解空间树

8. 答：(1) $n=3$ 时的解搜索空间如图 1.34 所示，不能得到任何叶子结点，所以无解。

(2) 剪枝操作是任何两个皇后不能同行、同列和同两条对角线。

(3) 最坏情况下每个结点扩展 n 个结点，共有 n^n 个结点，算法的时间复杂度为 $O(n^n)$。

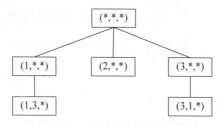

图 1.34　3 皇后问题的解搜索空间

9. 解：用数组 $w[0..n-1]$ 存放 n 个集装箱的重量，采用类似判断子集和是否存在解的方法求解。对应的完整求解程序如下：

```c
#include<stdio.h>
#define MAXN 20                        //最多集装箱个数
//问题表示
int n=5,W;
int w[]={2,9,5,6,3};
int count;                             //全局变量,累计解个数
void dfs(int tw,int rw,int i)          //求解简单装载问题
{   if (i>=n)                          //找到一个叶子结点
    {   if (tw==W)                     //找到一个满足条件的解,输出它
            count++;
    }
    else                               //尚未找完
    {   rw-=w[i];                      //求剩余的集装箱重量和
        if (tw+w[i]<=W)                //左孩子结点剪枝:选取满足条件的集装箱 w[i]
            dfs(tw+w[i],rw,i+1);       //选取第 i 个集装箱
        if (tw+rw>=W)                  //右孩子结点剪枝:剪除不可能存在解的结点
            dfs(tw,rw,i+1);            //不选取第 i 个集装箱,回溯
    }
}
bool solve()                           //判断简单装载问题是否存在解
{   count=0;
    int rw=0;
    for (int j=0;j<n;j++)              //求所有集装箱重量和 rw
        rw+=w[j];
    dfs(0,rw,0);                       //i 从 0 开始
    if (count>0)
        return true;
    else
        return false;
}
void main()
{   printf("求解结果\n");
    W=4;
```

```
        printf(" W=%d 时%s\n",W,(solve()?"存在解":"没有解"));
        W=10;
        printf(" W=%d 时%s\n",W,(solve()?"存在解":"没有解"));
        W=12;
        printf(" W=%d 时%s\n",W,(solve()?"存在解":"没有解"));
        W=21;
        printf(" W=%d 时%s\n",W,(solve()?"存在解":"没有解"));
}
```

上述程序的执行结果如图 1.35 所示。

图 1.35　程序执行结果

10. **解**：这是一个典型的解空间为子集树的问题，采用子集树的回溯算法框架。当找到一个解后通过选取的元素个数进行比较求最优解 minpath。对应的完整程序如下：

```
#include <stdio.h>
#include <vector>
using namespace std;
//问题表示
int a[]={1,2,3,4,5};                          //设置为全局变量
int n=5,k=9;
vector<int> minpath;                           //存放最优解
//求解结果表示
int minn=n;                                    //最多选择 n 个元素
void disppath()                                //输出一个解
{   printf(" 选择的元素:");
    for (int j=0;j<minpath.size();j++)
        printf("%d ",minpath[j]);
    printf("元素个数=%d\n",minn);
}
void dfs(vector<int> path,int sum,int start)   //求解算法
{   if (sum==k)                                //如果找到一个解,不一定到叶子结点
    {   if (path.size()<minn)
        {   minn=path.size();
            minpath=path;
        }
        return;
    }
    if (start>=n) return;                      //全部元素找完,返回
    dfs(path,sum,start+1);                     //不选择 a[start]
    path.push_back(a[start]);                  //选择 a[start]
```

```
        dfs(path,sum+a[start],start+1);
    }
void main()
{    vector<int> path;                        //path 存放一个子集
     dfs(path,0,0);
     printf("最优解:\n");
     disppath();
}
```

上述程序的执行结果如图 1.36 所示。

图 1.36   程序执行结果

11. **解**：在回溯法求全排列的基础上增加元素的重复性判断。例如,对于 $a[]=\{1,1,2\}$,不判断重复性时输出 $(1,1,2)$、$(1,2,1)$、$(1,1,2)$、$(1,2,1)$、$(2,1,1)$、$(2,1,1)$,共 6 个,有 3 个是重复的。重复性判断是这样的,在扩展 $a[i]$ 时仅仅将 $a[i..j-1]$ 中没有出现的元素 $a[j]$ 交换到 $a[i]$ 的位置,如果出现,对应的排列已经在前面求出了。对应的完整程序如下：

```
#include<stdio.h>
bool ok(int a[],int i,int j)              //ok 用于判别重复元素
{    if (j>i)
     {    for(int k=i;k<j;k++)
              if (a[k]==a[j])
                   return false;
     }
     return true;
}
void swap(int &x,int &y)                   //交换两个元素
{    int tmp=x;
     x=y; y=tmp;
}
void dfs(int a[],int n,int i)              //求有重复元素的排列问题
{    if (i==n)
     {    for(int j=0;j<n;j++)
              printf("%3d",a[j]);
          printf("\n");
     }
     else
     {    for (int j=i;j<n;j++)
              if (ok(a,i,j))                //选取与 a[i..j-1]不重复的元素 a[j]
              {    swap(a[i],a[j]);
                   dfs(a,n,i+1);
                   swap(a[i],a[j]);
```

```
            }
        }
    }
void main( )
{   int a[]={1,2,1,2};
    int n=sizeof(a)/sizeof(a[0]);
    printf("序列(");
    for (int i=0;i<n-1;i++)
        printf("%d ",a[i]);
    printf("%d)的所有不同排列:\n",a[n-1]);
    dfs(a,n,0);
}
```

上述程序的执行结果如图 1.37 所示。

图 1.37　程序执行结果

12. **解**：采用求全排列的递归框架。选取的元素个数用 i 表示（i 从 1 开始），当 $i>m$ 时达到一个叶子结点，输出一个排列。为了避免重复，用 used 数组实现，used$[i]=0$ 表示没有选择整数 i，used$[i]=1$ 表示已经选择整数 i。对应的完整程序如下：

```
# include <stdio.h>
# include <string.h>
# define MAXN 20
# define MAXM 10
int m,n;
int x[MAXM];                         //x[1..m]存放一个排列
bool used[MAXN];
void dfs(int i)                      //求 n 个元素中 m 个元素的全排列
{   if (i>m)
    {   for (int j=1;j<=m;j++)
            printf(" %d",x[j]);      //输出一个排列
        printf("\n");
    }
    else
    {   for (int j=1;j<=n;j++)
        {   if (!used[j])
            {   used[j]=true;        //修改 used[i]
                x[i]=j;              //x[i]选择 j
                dfs(i+1);            //继续搜索排列的下一个元素
```

```
                used[j]=false;                        //回溯:恢复 used[i]
            }
        }
    }
}
void main()
{   n=4,m=2;
    memset(used,0,sizeof(used));                    //初始化为 0
    printf("n=%d,m=%d 的求解结果\n",n,m);
    dfs(1);                                          //i 从 1 开始
}
```

上述程序的执行结果如图 1.38 所示。

图 1.38　程序执行结果

13. **解**：这个结论不正确。验证程序如下：

```
# include <stdio.h>
# include <stdlib.h>
# define MAXN 10
int q[MAXN];
bool place(int i)                    //测试第 i 行的 q[i]列上能否摆放皇后
{   int j=1;
    if (i==1) return true;
    while (j<i)                      //j=1~i-1 是已放置了皇后的行
    {   if ((q[j]==q[i]) || (abs(q[j]-q[i])==abs(j-i)))
            //该皇后是否与以前的皇后同列,位置(j,q[j])与(i,q[i])是否在同一对角线上
            return false;
        j++;
    }
    return true;
}
int Queens(int n)                    //求 n 皇后问题的解个数
{   int count=0,k;                   //计数器初始化
    int i=1;                         //i 为当前行
    q[1]=0;                          //q[i]为皇后 i 的列号
    while (i>0)
```

```
      {   q[i]++;                          //移到下一列
          while (q[i]<=n && !place(i))
              q[i]++;
          if (q[i]<=n)
          {   if (i==n)
                  count++;                 //找到一个解计数器 count 加 1
              else
              {
                  i++;; q[i]=0;
              }
          }
          else i--;                        //回溯
      }
      return count;
}
void main( )
{   printf("验证结果如下:\n");
    for (int n=4;n<=10;n+=2)
        if (Queens(n)==2 * Queens(n/2))
            printf(" n=%d: 正确\n",n);
        else
            printf(" n=%d: 错误\n",n);
}
```

上述程序的执行结果如图 1.39 所示。从执行结果看出结论是不正确的。

图 1.39　程序执行结果

14. **解**：假设给定的无向图有 n 个顶点(顶点编号为 $0 \sim n-1$)，采用邻接矩阵数组 $a(0/1$ 矩阵)存放，求从顶点 v 出发回到顶点 v 的哈密顿回路。采用回溯法，解向量为 $x[0..n]$，$x[i]$ 表示第 i 步找到的顶点编号($i=n-1$ 时表示除了起点 v 外其他顶点都查找了)，初始时将起点 v 存放到 $x[0]$，i 从 1 开始查找，$i>0$ 时循环：为 $x[i]$ 找到一个合适的顶点，当 $i=n-1$ 时，若顶点 $x[i]$ 到顶点 v 有边对应一个解，否则继续查找下一个顶点；如果不能为 $x[i]$ 找到一个合适的顶点，则回溯。采用非递归回溯框架(与《教程》中求解 n 皇后问题的非递归回溯框架类似)的完整程序如下：

```
# include <stdio.h>
# define MAXV 10
//求解问题表示
int n = 5;                               //图中顶点个数
```

```
int a[MAXV][MAXV]={{0,1,1,1,0},{1,0,0,1,1},{1,0,0,0,1},{1,1,0,0,1},{0,1,1,1,0}};
                                            //邻接矩阵数组
//求解结果表示
int x[MAXV];
int count;
void dispasolution()                        //输出一个解路径
{   for (int i=0;i<=n-1;i++)
        printf("(%d,%d) ",x[i],x[i+1]);
    printf("\n");
}

bool valid(int i)                           //判断第 i 个顶点 x[i] 的有效性
{   if (a[x[i-1]][x[i]]!=1)                  //x[i-1] 到 x[i] 没有边,返回 false
        return false;
    for (int j=0;j<=i-1;j++)
        if (x[i]==x[j])                     //顶点 i 重复出现,返回 false
            return false;
    return true;
}

void Hamiltonian(int v)                     //求从顶点 v 出发的哈密顿回路
{   x[0]=v;                                 //存放起点
    int i=1;
    x[i]=-1;                                //从顶点-1+1=0 开始试探
    while (i>0)                             //尚未回溯到头,循环
    {   x[i]++;
        while (!valid(i) && x[i]<n)
            x[i]++;                         //试探一个顶点 x[i]
        if (x[i]<n)                         //找到一个有效的顶点 x[i]
        {   if (i==n-1)                     //达到叶子结点
            {   if (a[x[i]][v]==1)
                {   x[n]=v;                 //找到一个解
                    printf(" 第%d 个解: ",count++);
                    dispasolution();
                }
            }
            else
            {
                i++; x[i]=-1;
            }
        }
        else
            i--;                            //回溯
    }
}
void main()
{   printf("求解结果\n");
    for (int v=0;v<n;v++)
    {   printf(" 从顶点%d 出发的哈密顿回路:\n",v);
        count=1;
        Hamiltonian(v);                     //从顶点 v 出发
    }
}
```

上述程序对如图 1.40 所示的无向图求从每个顶点出发的哈密顿回路,程序执行结果如图 1.41 所示。

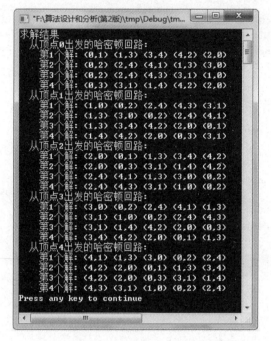

图 1.40　一个无向图　　　　　　　　图 1.41　程序执行结果

1.6　第 6 章——分枝限界法

1.6.1　练习题

1. 分枝限界法在问题的解空间树中按(　　)策略从根结点出发搜索解空间树。

　　A. 广度优先　　　　　B. 活结点优先　　　　C. 扩展结点优先　　D. 深度优先

2. 常见的两种分枝限界法为(　　)。

　　A. 广度优先分枝限界法与深度优先分枝限界法

　　B. 队列式(FIFO)分枝限界法与堆栈式分枝限界法

　　C. 排列树法与子集树法

　　D. 队列式(FIFO)分枝限界法与优先队列式分枝限界法

3. 在用分枝限界法求解 0/1 背包问题时活结点表的组织形式是(　　)。

　　A. 小根堆　　　　　B. 大根堆　　　　　C. 栈　　　　　D. 数组

4. 下列采用最大效益优先搜索方式的算法是(　　)。

　　A. 分枝界限法　　　B. 动态规划法　　　C. 贪心法　　　D. 回溯法

5. 优先队列式分枝限界法选取扩展结点的原则是(　　)。

　　A. 先进先出　　　　B. 后进先出　　　　C. 结点的优先级　　D. 随机

6. 简述分枝限界法的搜索策略。

7. 有一个 0/1 背包问题,其中 $n=4$,物品重量为 $(4,7,5,3)$,物品价值为 $(40,42,25,12)$,背包最大载重量 $W=10$,给出采用优先队列式分枝限界法求最优解的过程。

8. 有一个流水作业调度问题,$n=4$,$a[\ ]=\{5,10,9,7\}$,$b[\ ]=\{7,5,9,8\}$,给出采用优先队列式分枝限界法求一个解的过程。

9. 有一个含 n 个顶点(顶点编号为 $0\sim n-1$)的带权图,用邻接矩阵数组 A 表示,采用分枝限界法求从起点 s 到目标点 t 的最短路径长度,以及具有最短路径长度的路径条数。

10. 采用优先队列式分枝限界法求解最优装载问题。给出以下装载问题的求解过程和结果:$n=5$,集装箱重量为 $w=(5,2,6,4,3)$,限重为 $W=10$。在装载重量相同时最优装载方案是集装箱个数最少的方案。

1.6.2　练习题参考答案

1. 答:A。

2. 答:D。

3. 答:B。

4. 答:A。

5. 答:C。

6. 答:分枝限界法的搜索策略是广度优先遍历,通过限界函数可以快速地找到一个解或者最优解。

7. 答:求解过程如下。

(1) 根结点 1 进队,对应结点值 $e.i=0$,$e.w=0$,$e.v=0$,$e.ub=76$,$x:[0,0,0,0]$。

(2) 出队结点 1:左孩子结点 2 进队,对应结点值 $e.no=2$,$e.i=1$,$e.w=4$,$e.v=40$,$e.ub=76$,$x:[1,0,0,0]$;右孩子结点 3 进队,对应结点值 $e.no=3$,$e.i=1$,$e.w=0$,$e.v=0$,$e.ub=57$,$x:[0,0,0,0]$。

(3) 出队结点 2:左孩子超重;右孩子结点 4 进队,对应结点值 $e.no=4$,$e.i=2$,$e.w=4$,$e.v=40$,$e.ub=69$,$x:[1,0,0,0]$。

(4) 出队结点 4:左孩子结点 5 进队,对应结点值 $e.no=5$,$e.i=3$,$e.w=9$,$e.v=65$,$e.ub=69$,$x:[1,0,1,0]$;右孩子结点 6 进队,对应结点值 $e.no=6$,$e.i=3$,$e.w=4$,$e.v=40$,$e.ub=52$,$x:[1,0,0,0]$。

(5) 出队结点 5:产生一个解,$maxv=65$,$bestx:[1,0,1,0]$。

(6) 出队结点 3:左孩子结点 8 进队,对应结点值 $e.no=8$,$e.i=2$,$e.w=7$,$e.v=42$,$e.ub=57$,$x:[0,1,0,0]$;右孩子结点 9 被剪枝。

(7) 出队结点 8:左孩子超重;右孩子结点 10 被剪枝。

(8) 出队结点 6:左孩子结点 11 超重;右孩子结点 12 被剪枝。

(9) 队列空,算法结束,产生最优解:$maxv=65$,$bestx:[1,0,1,0]$。

8. 答:求解过程如下。

(1) 根结点 1 进队,对应结点值:$e.i=0$,$e.f1=0$,$e.f2=0$,$e.lb=29$,$x:[0,0,0,0]$。

(2) 出队结点 1:扩展结点如下。

进队($j=1$):结点 2,$e.i=1$,$e.f1=5$,$e.f2=12$,$e.lb=27$,$x:[1,0,0,0]$。

进队($j=2$)：结点 3,e. i=1,e. f1=10,e. f2=15,e. lb=34,x:[2,0,0,0]。

进队($j=3$)：结点 4,e. i=1,e. f1=9,e. f2=18,e. lb=29,x:[3,0,0,0]。

进队($j=4$)：结点 5,e. i=1,e. f1=7,e. f2=15,e. lb=28,x:[4,0,0,0]。

（3）出队结点 2：扩展结点如下。

进队($j=2$)：结点 6,e. i=2,e. f1=15,e. f2=20,e. lb=32,x:[1,2,0,0]。

进队($j=3$)：结点 7,e. i=2,e. f1=14,e. f2=23,e. lb=27,x:[1,3,0,0]。

进队($j=4$)：结点 8,e. i=2,e. f1=12,e. f2=20,e. lb=26,x:[1,4,0,0]。

（4）出队结点 8：扩展结点如下。

进队($j=2$)：结点 9,e. i=3,e. f1=22,e. f2=27,e. lb=31,x:[1,4,2,0]。

进队($j=3$)：结点 10,e. i=3,e. f1=21,e. f2=30,e. lb=26,x:[1,4,3,0]。

（5）出队结点 10,扩展一个 $j=2$ 的子结点,有 e. i=4,到达叶子结点,产生的一个解是
e. f1=31,e. f2=36,e. lb=31,$x=[1,4,3,2]$。

该解对应的调度方案是第 1 步执行作业 1,第 2 步执行作业 4,第 3 步执行作业 3,第 4 步执行作业 2,总时间=36。

9. **解**：采用优先队列式分枝限界法求解。队列中结点的类型如下：

```
struct NodeType
{   int vno;                            //顶点的编号
    int length;                         //当前结点的路径长度
    bool operator <(const NodeType &s) const   //重载<关系函数
    {   return length > s. length; }    //length 越小越优先
};
```

从顶点 s 开始广度优先搜索,找到目标点 t 后比较求最短路径长度及其路径条数。对应的完整程序如下：

```
#include <stdio.h>
#include <queue>
using namespace std;
#define MAX 11
#define INF 0x3f3f3f3f
//问题表示
int A[MAX][MAX]={                       //一个带权有向图
        {0,1,4,INF,INF},
        {INF,0,INF,1,5},
        {INF,INF,0,INF,1},
        {INF,INF,2,0,3},
        {INF,INF,INF,INF,INF} };
int n=5;
//求解结果表示
int bestlen=INF;                        //最优路径的路径长度
int bestcount=0;                        //最优路径的条数
struct NodeType
{   int vno;                            //顶点的编号
    int length;                         //当前结点的路径长度
```

```
    bool operator <(const NodeType &s) const          //重载>关系函数
    {    return length > s.length; }                   //length 越小越优先
};
void solve(int s, int t)                                //求最短路径问题
{   NodeType e, e1;                                     //定义两个结点
    priority_queue < NodeType > qu;                     //定义一个优先队列 qu
    e.vno＝s;                                            //构造根结点
    e.length＝0;
    qu.push(e);                                         //根结点进队
    while (!qu.empty())                                 //队不空时循环
    {   e＝qu.top(); qu.pop();                            //出队结点 e 作为当前结点
        if (e.vno＝＝t)                                   //e 是一个叶子结点
        {   if (e.length < bestlen)                      //比较找最优解
            {   bestcount＝1;
                bestlen＝e.length;                       //保存最短路径长度
            }
            else if (e.length＝＝bestlen)
                bestcount＋＋;
        }
        else                                            //e 不是叶子结点
        {   for (int j＝0; j < n; j＋＋)                    //检查 e 的所有相邻顶点
            if (A[e.vno][j]!＝INF && A[e.vno][j]!＝0)      //顶点 e.vno 到顶点 j 有边
            {   if (e.length＋A[e.vno][j]< bestlen)       //剪枝
                {   e1.vno＝j;
                    e1.length＝e.length＋A[e.vno][j];
                    qu.push(e1);                         //有效子结点 e1 进队
                }
            }
        }
    }
}
void main()
{   int s＝0, t＝4;
    solve(s, t);
    if (bestcount＝＝0)
        printf("顶点%d 到%d 没有路径\n", s, t);
    else
    {   printf("顶点%d 到%d 存在路径\n", s, t);
        printf(" 最短路径长度＝%d, 条数＝%d\n", bestlen, bestcount);
        //输出: 5 3
    }
}
```

上述程序的执行结果如图 1.42 所示。

图 1.42　程序执行结果

10. **解**：采用优先队列式分枝限界法求解。设计优先队列 priority_queue < NodeType >,并设计优先队列的关系比较函数 Cmp,指定按结点的 ub 值进行比较,即 ub 值越大的结点越先出队。对应的完整程序如下：

```c
# include < stdio.h >
# include < queue >
using namespace std;
# define MAXN 21                          //最多的集装箱数
//问题表示
int n=5;
int W=10;
int w[]={0,5,2,6,4,3};                    //集装箱重量,不计下标为 0 的元素
//求解结果表示
int bestw=0;                              //存放最大重量,全局变量
int bestx[MAXN];                          //存放最优解,全局变量
int Count=1;                              //搜索空间中结点数的累计,全局变量
typedef struct
{   int no;                               //结点编号
    int i;                                //当前结点在解空间中的层次
    int w;                                //当前结点的总重量
    int x[MAXN];                          //当前结点包含的解向量
    int ub;                               //上界
} NodeType;
struct Cmp                                //队列中的关系比较函数
{   bool operator()(const NodeType &s, const NodeType &t)
    {   return (s.ub < t.ub) || (s.ub==t.ub && s.x[0]>t.x[0]);
        //ub 越大越优先,当 ub 相同时 x[0] 越小越优先
    }
};

void bound(NodeType &e)                   //计算分枝结点 e 的上界
{   int i=e.i+1;
    int r=0;                              //r 为剩余集装箱的重量
    while (i<=n)
    {   r+=w[i];
        i++;
    }
    e.ub=e.w+r;
}

void Loading()                            //求装载问题的最优解
{   NodeType e,e1,e2;                     //定义 3 个结点
    priority_queue < NodeType,vector < NodeType >,Cmp > qu;    //定义一个优先队列 qu
    e.no=Count++;                         //设置结点编号
    e.i=0;                                //根结点置初值,其层次计为 0
    e.w=0;
    for (int j=0; j<=n; j++)              //初始化根结点的解向量
        e.x[j]=0;
    bound(e);                             //求根结点的上界
    qu.push(e);                           //根结点进队
    while (!qu.empty())                   //队不空时循环
```

```
{   e=qu.top(); qu.pop();                    //出队结点 e 作为当前结点
    if (e.i==n)                              //e 是一个叶子结点
    {   if ((e.w>bestw) || (e.w==bestw && e.x[0]<bestx[0]))    //比较找最优解
        {   bestw=e.w;                       //更新 bestw
            for (int j=0;j<=e.i;j++)
                bestx[j]=e.x[j];             //复制解向量 e.x -> bestx
        }
    }
    else                                     //e 不是叶子结点
    {   if (e.w+w[e.i+1]<=W)                 //检查左孩子结点
        {   e1.no=Count++;                   //设置结点编号
            e1.i=e.i+1;                      //建立左孩子结点
            e1.w=e.w+w[e1.i];
            for (int j=0; j<=e.i; j++)
                e1.x[j]=e.x[j];              //复制解向量 e.x -> e1.x
            e1.x[e1.i]=1;                    //选择集装箱 i
            e1.x[0]++;                       //装入集装箱数增 1
            bound(e1);                       //求左孩子结点的上界
            qu.push(e1);                     //左孩子结点进队
        }
        e2.no=Count++;                       //设置结点编号
        e2.i=e.i+1;                          //建立右孩子结点
        e2.w=e.w;
        for (int j=0; j<=e.i; j++)           //复制解向量 e.x -> e2.x
            e2.x[j]=e.x[j];
        e2.x[e2.i]=0;                        //不选择集装箱 i
        bound(e2);                           //求右孩子结点的上界
        if (e2.ub>bestw)                     //若右孩子结点可行,则进队,否则被剪枝
            qu.push(e2);
    }
  }
}
void disparr(int x[],int len)                //输出一个解向量
{   for (int i=1;i<=len;i++)
        printf("%2d",x[i]);
}
void dispLoading()                           //输出最优解
{   printf(" X=[");
    disparr(bestx,n);
    printf("],装入总价值为%d\n",bestw);
}
void main()
{   Loading();
    printf("求解结果:\n");
    dispLoading();                           //输出最优解
}
```

上述程序的执行结果如图1.43所示。

图 1.43 程序执行结果

1.7 第7章——贪心法

1.7.1 练习题

1. 下面（　　）是贪心算法的基本要素之一。

　　A. 重叠子问题　　　　B. 构造最优解　　　C. 贪心选择性质　　D. 定义最优解

2. 下面（　　）不能使用贪心法解决。

　　A. 单源最短路径问题　　　　　　　　B. n 皇后问题

　　C. 最小花费生成树问题　　　　　　　D. 背包问题

3. 采用贪心算法的最优装载问题的主要计算量在于将集装箱依重量从小到大排序,故算法的时间复杂度为（　　）。

　　A. $O(n)$　　　　　　B. $O(n^2)$　　　　　C. $O(n^3)$　　　　　D. $O(n\log_2 n)$

4. 关于0/1背包问题,以下描述正确的是（　　）。

　　A. 可以使用贪心算法找到最优解

　　B. 能找到多项式时间的有效算法

　　C. 使用教材介绍的动态规划方法可求解任意0/1背包问题

　　D. 对于同一背包和相同的物品,做背包问题取得的总价值一定大于等于做0/1背包问题

5. 一棵哈夫曼树共有215个结点,对其进行哈夫曼编码共能得到（　　）个不同的码字。

　　A. 107　　　　　　　　B. 108　　　　　　　　C. 214　　　　　　　　D. 215

6. 求解哈夫曼编码中如何体现贪心思路?

7. 举反例证明0/1背包问题若使用的算法是按照 v_i/w_i 的非递减次序考虑选择的物品,即只要正在被考虑的物品装得进就装入背包,则此方法不一定能得到最优解(此题说明0/1背包问题与背包问题的不同)。

8. 求解硬币问题。有1分、2分、5分、10分、50分和100分的硬币各若干枚,现在要用这些硬币来支付 W 元,最少需要多少枚硬币?

9. 求解正整数的最大乘积分解问题。将正整数 n 分解为若干个互不相同的自然数之和,使这些自然数的乘积最大。

10. 求解乘船问题。有 n 个人,第 i 个人体重为 $w_i(0 \leqslant i < n)$。每艘船的最大载重量均

为 C，且最多只能乘两个人。试用最少的船装载所有人。

11. 求解会议安排问题。有一组会议 A 和一组会议室 B，$A[i]$ 表示第 i 个会议的参加人数，$B[j]$ 表示第 j 个会议室最多可以容纳的人数。当且仅当 $A[i] \leqslant B[j]$ 时第 j 个会议室可以用于举办第 i 个会议。给定数组 A 和数组 B，试问最多可以同时举办多少个会议。例如，$A[] = \{1,2,3\}$，$B[] = \{3,2,4\}$，结果为3；若 $A[] = \{3,4,3,1\}$，$B[] = \{1,2,2,6\}$，结果为2。

12. 假设要在足够多的会场里安排一批活动，n 个活动编号为 $1 \sim n$，每个活动有开始时间 b_i 和结束时间 e_i（$1 \leqslant i \leqslant n$）。设计一个有效的贪心算法求出最少的会场个数。

13. 给定一个 $m \times n$ 的数字矩阵，计算从左到右走过该矩阵且经过的方格中整数最小的路径。一条路径可以从第1列的任意位置出发，到达第 n 列的任意位置，每一步为从第 i 列走到第 $i+1$ 列的相邻行（水平移动或沿 45°斜线移动），如图 1.44 所示。第1行和最后一行看作是相邻的，即应当把这个矩阵看成是一个卷起来的圆筒。

两个略有不同的 5×6 的数字矩阵的最小路径如图 1.45 所示，只有最下面一行的数不同。右边矩阵的路径利用了第1行与最后一行相邻的性质。

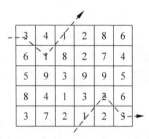

图 1.44   每一步的走向   图 1.45   两个数字矩阵的最小路径

输入描述：包含多个矩阵，每个矩阵的第1行为两个数 m 和 n，分别表示矩阵的行数和列数，接下来的 $m \times n$ 个整数按行优先的顺序排列，即前 n 个数组成第1行，接下来的 n 个数组成第2行，以此类推。相邻整数间用一个或多个空格分隔，注意这些数不一定是正数。在输入中可能有一个或多个矩阵描述，直到输入结束。每个矩阵的行数在1到10之间，列数在1到100之间。

输出描述：对每个矩阵输出两行，第1行为最小整数之和的路径，路径由 n 个整数组成，表示路径经过的行号，如果这样的路径不止一条，输出字典序最小的一条。

输入样例：

```
5 6
3 4 1 2 8 6
6 1 8 2 7 4
5 9 3 9 9 5
8 4 1 3 2 6
3 7 2 8 6 4
```

样例输出：

```
1 2 3 4 4 5
16
```

1.7.2　练习题参考答案

1. 答：C。

2. 答：n 皇后问题的解不满足贪心选择性质。答案为 B。

3. 答：D。

4. 答：由于背包问题可以取物品的一部分，所以总价值一定大于等于做 0/1 背包问题。答案为 D。

5. 答：这里 $n=215$，哈夫曼树中 $n_1=0$，而 $n_0=n_2+1, n=n_0+n_1+n_2=2n_0-1, n_0=(n+1)/2=108$。答案为 B。

6. 答：在构造哈夫曼树时每次都是将两棵根结点最小的树合并，从而体现贪心的思路。

7. 通过一个反例予以证明：例如，$n=3, w=\{3,2,2\}, v=\{7,4,4\}, W=4$ 时，由于 7/3 最大，若按题目要求的方法，只能取第 1 个，收益是 7。而此实例的最大收益应该是 8，取第 2、3 个物品。

8. 解：用结构体数组 A 存放硬币数据，$A[i].v$ 存放硬币 i 的面额，$A[i].c$ 存放硬币 i 的枚数。采用贪心思路，首先将数组 A 按面额递减排序，再兑换硬币，每次尽可能兑换面额大的硬币。对应的完整程序如下：

```
# include < stdio. h >
# include < algorithm >
using namespace std;
# define min(x,y) ((x)<(y)?(x):(y))
# define MAX 21
//问题表示
int n=7;
struct NodeType
{    int v;                               //面额
     int c;                               //枚数
     bool operator <(const NodeType &s)
     {                                    //用于按面额递减排序
         return s.v < v;
     }
};
NodeType A[]={{1,12},{2,8},{5,6},{50,10},{10,8},{200,1},{100,4}};
int W;
//求解结果表示
int ans=0;                               //兑换的硬币枚数
void solve()                             //兑换硬币
{    sort(A, A+n);                        //按面额递减排序
     for (int i=0;i<n;i++)
     {    int t=min(W/A[i].v,A[i].c);     //使用硬币i的枚数
          if (t!=0)
              printf(" 支付%3d 面额: %3d 枚\n",A[i].v,t);
          W-=t * A[i].v;                  //剩余的金额
          ans+=t;
```

```
                    if (W==0) break;
            }
    }
    void main( )
    {   W=325;                              //支付的金额
        printf("支付%d分:\n",W);
        solve( );
        printf("最少硬币的个数: %d 枚\n",ans);
    }
```

上述程序的执行结果如图 1.46 所示。

9. 解：采用贪心方法求解。用 $a[0..k]$ 存放 n 的分解结果：

（1）$n \leqslant 4$ 时可以验证其分解成几个正整数的和的乘积均小于 n，没有解。

（2）$n > 4$ 时把 n 分解成若干个互不相等的自然数的和，分解数的个数越多乘积越大。为此让 n 的分解数个数尽可能多（体现贪心的思路），把 n 分解成从 2 开始的连续自然数之和。例如，分解 n 为 $a[0]=2$、$a[1]=3$、$a[2]=4$、…、$a[k]=k+2$（共有 $k+1$ 个分解数），用 m 表

图 1.46　程序执行结果

示剩下的数，这样的分解直到 $m \leqslant a[k]$ 为止，即 $m \leqslant k+2$。对剩下数 m 的处理分为以下两种情况。

① $m < k+2$：将 m 平均分解到 $a[k..i]$（对应的分解数个数为 m）中，即从 $a[k]$ 开始往前的分解数增加 1（也是贪心的思路，分解数越大加 1 和乘积也越大）。

② $m = k+2$：将 $a[0..k-1]$（对应的分解数个数为 k）的每个分解数增加 1，剩下的 2 增加到 $a[k]$ 中，即 $a[k]$ 增加 2。

对应的完整程序如下：

```
#include <stdio.h>
#include <string.h>
#define MAX 20
//问题表示
int n;
//求解结果表示
int a[MAX];                        //存放被分解的数
int k=0;                           //a[0..k]存放被分解的数
void solve( )                      //求解 n 的最大乘积分解问题
{   int i;
    int sum=1;
    if (n<4)                       //不存在最优方案,直接返回
        return;
    else
    {   int m=n;                   //m 表示剩下的数
        a[0]=2;                    //第 1 个数从 2 开始
```

```
            m−=a[0];                      //减去已经分解的数
            k=0;
            while (m>a[k])                //若剩下的数大于最后一个分解数,则继续分解
            {   k++;                       //a 数组下标+1
                a[k]=a[k−1]+1;            //按 2、3、4 递增顺序分解
                m−=a[k];                  //减去最新分解的数
            }
            if (m<a[k])                   //若剩下的数小于 a[k],从 a[k]开始往前的数+1
            {   for (i=0; i<m; i++)
                    a[k−i]+=1;
            }
            if (m==a[k])                  //若剩下的数等于 a[k],则 a[k]的值+2,之前的数+1
            {   a[k]+=2;
                for (i=0; i<k; i++)
                    a[i]+=1;
            }
        }
}
void main( )
{   n=23;
    memset(a,0,sizeof(a));
    solve();
    printf("%d 的最优分解方案\n",n);
    int mul=1;
    printf(" 分解的数: ");
    for (int i=0;i<=k;i++)
        if (a[i]!=0)
        {   printf("%d ",a[i]);
            mul * =a[i];
        }
    printf("\n 乘积最大值: %d\n",mul);
}
```

上述程序的执行结果如图 1.47 所示。

图 1.47　程序执行结果

10. **解**：采用贪心思路,首先按体重递增排序;再考虑前后的两个人(最轻者和最重者),分别用 i、j 指向:若 $w[i]+w[j] \leqslant C$,说明这两个人可以同乘(执行 $i++, j--$),否则 $w[j]$ 单乘(执行 $j--$),若最后只剩余一个人,该人只能单乘。

对应的完整程序如下：

```c
#include <stdio.h>
#include <algorithm>
using namespace std;
#define MAXN 101
//问题表示
int n=7;
int w[]={50,65,58,72,78,53,82};
int C=150;
//求解结果表示
int bests=0;
void Boat()                              //求解乘船问题
{   sort(w,w+n);                         //递增排序
    int i=0;
    int j=n-1;
    while (i<=j)
    {   if(i==j)                         //剩下最后一个人
        {   printf(" 一艘船: %d\n",w[i]);
            bests++;
            break;
        }
        if (w[i]+w[j]<=C)               //前后两个人同乘
        {   printf(" 一艘船: %d %d\n",w[i],w[j]);
            bests++;
            i++;
            j--;
        }
        else                            //w[j]单乘
        {   printf(" 一艘船: %d\n",w[j]);
            bests++;
            j--;
        }
    }
}
void main()
{   printf("求解结果:\n");
    Boat();
    printf("最少的船数=%d\n",bests);
}
```

上述程序的执行结果如图 1.48 所示。

图 1.48　程序执行结果

11. 解：采用贪心思路。每次都在还未安排的容量最大的会议室安排尽可能多的参会人数，即对于每个会议室都安排当前还未安排的会议中参会人数最多的会议。若能容纳下，则选择该会议，否则找参会人数次多的会议来安排，直到找到能容纳下的会议。

对应的完整程序如下：

```
# include < stdio. h >
# include < algorithm >
using namespace std;
//问题表示
int n＝4;                                    //会议个数
int m＝4;                                    //会议室个数
int A[]＝{3,4,3,1};
int B[]＝{1,2,2,6};
//求解结果表示
int ans＝0;
void solve( )                                //求解算法
{    sort(A,A+n);                            //递增排序
     sort(B,B+m);                            //递增排序
     int i＝n−1,j＝m−1;                      //从最多人数会议和最多容纳人数会议室开始
     for(i;i>=0;i−−)
     {   if(A[i]<=B[j] && j>=0)
         {   ans++;                          //不满足条件,增加一个会议室
             j−−;
         }
     }
}
void main( )
{    solve( );
     printf("%d\n",ans);                     //输出 2
}
```

12. 解：与《教程》中的例 7.2 类似，会场对应畜栏，只是这里仅仅求会场个数，即最大兼容活动子集的个数。对应的完整程序如下：

```
# include < stdio. h >
# include < string. h >
# include < algorithm >
using namespace std;
# define MAX 51
//问题表示
struct Action                               //活动的类型声明
{   int b;                                  //活动起始时间
    int e;                                  //活动结束时间
    bool operator <(const Action &s) const  //重载<关系函数
    {   if(e==s.e)                          //结束时间相同按开始时间递增排序
            return b<=s.b;
        else                                //否则按结束时间递增排序
            return e<=s.e;
```

```
        }
    };
    int n=5;
    Action A[]={{0},{1,10},{2,4},{3,6},{5,8},{4,7}};        //下标 0 不用
    //求解结果表示
    int ans;                                                //最少会场个数
    void solve( )                                           //求解最大兼容活动子集
    {    bool flag[MAX];                                    //活动标志
        memset(flag,0,sizeof(flag));
        sort(A+1,A+n+1);                                   //A[1..n]按指定方式排序
        ans=0;                                              //会场个数
        for (int j=1;j<=n;j++)
        {    if (!flag[j])
            {    flag[j]=true;
                int preend=j;                              //前一个兼容活动的下标
                for (int i=preend+1;i<=n;i++)
                {    if (A[i].b>=A[preend].e &&. !flag[i])
                    {    preend=i;
                        flag[i]=true;
                    }
                }
                ans++;                                      //增加一个最大兼容活动子集
            }
        }
    }
    void main( )
    {    solve();
        printf("求解结果\n");
        printf(" 最少会场个数：%d\n",ans);                   //输出 4
    }
```

13. **解**：采用贪心思路。从第 1 列开始每次查找 $a[i][j]$ 元素上、中、下 3 个对应数中的最小数。对应的程序如下：

```
# include < stdio. h >
# define M 12
# define N 110
int m=5, n=6;
int a[M][N]={{3,4,1,2,8,6},{6,1,8,2,7,4},{5,9,3,9,9,5},{8,4,1,3,2,6},{3,7,2,8,6,4}};
int minRow,minCol;
int minValue(int i, int j)
        //求 a[i][j]元素上、中、下 3 个对应数中的最小数,同时把行标记录下来
{    int s = (i == 0) ? m - 1 : i - 1;
    int x = (i == m - 1) ? 0 : i + 1;
    minRow = s;
    minRow = a[i][j+1] < a[minRow][j+1] ?i : minRow;
    minRow = a[x][j+1] < a[minRow][j+1] ?x : minRow;
    minRow = a[minRow][j+1] == a[s][j+1] &&. minRow > s ? s : minRow;
    minRow = a[minRow][j+1] == a[i][j+1] &&. minRow > i ? i : minRow;
```

```
        minRow = a[minRow][j+1] == a[x][j+1] && minRow > x ? x : minRow;
        return a[minRow][j+1];
}
void solve()
{    int i,j,min;
     for (j=n-2; j>=0; j--)
         for (i=0; i<m; i++)
             a[i][j] += minValue(i,j);
     min=a[0][0];
     minRow=0;
     for (i=1; i<m; i++)                    //在第1列查找最小代价的行
         if (a[i][0]<min)
         {    min=a[i][0];
              minRow=i;
         }
     for (j=0; j<n; j++)
     {    printf("%d",minRow+1);
          if (j<n-1) printf(" ");
          minValue(minRow, j);
     }
     printf("\n%d\n",min);
}
void main()
{
     solve();
}
```

1.8 第 8 章——动态规划

1.8.1 练习题

1. 下列算法中通常以自底向上的方式求解最优解的是（   ）。

    A. 备忘录法   B. 动态规划法   C. 贪心法   D. 回溯法

2. 备忘录法是（   ）的变形。

    A. 分治法   B. 回溯法   C. 贪心法   D. 动态规划法

3. 下列（   ）是动态规划算法的基本要素之一。

    A. 定义最优解   B. 构造最优解

    C. 算出最优解   D. 子问题重叠性质

4. 一个问题可用动态规划法或贪心法求解的关键特征是问题的（   ）。

    A. 贪心选择性质   B. 重叠子问题

    C. 最优子结构性质   D. 定义最优解

5. 简述动态规划法的基本思路。

6. 简述动态规划法与贪心法的异同。

7. 简述动态规划法与分治法的异同。

8. 下列算法中哪些属于动态规划算法？

（1）顺序查找算法；

（2）直接插入排序算法；

（3）简单选择排序算法；

（4）二路归并排序算法。

9. 某个问题对应的递归模型如下：

$$f(1)=1$$
$$f(2)=2$$
$$f(n)=f(n-1)+f(n-2)+\cdots+f(1)+1 \quad 当 n>2 时$$

可以采用如下递归算法求**解**：

```
long f(int n)
{    if (n==1) return 1;
     if (n==2) return 2;
     long sum=1;
     for (int i=1;i<=n-1;i++)
         sum+=f(i);
     return sum;
}
```

但其中存在大量的重复计算，请采用备忘录方法求解。

10. 《教程》第 3 章中的实验 4 采用分治法求解半数集问题，如果直接递归求解会存在大量重复计算，请改进该算法。

11. 设计一个时间复杂度为 $O(n^2)$ 的算法来计算二项式系数 $C_n^k(k \leqslant n)$。二项式系数 C_n^k 的求值过程如下：

$$C_i^0=1$$
$$C_i^i=1$$
$$C_i^j=C_{i-1}^{j-1}+C_{i-1}^j$$

12. 一个机器人只能向下和向右移动，每次只能移动一步，设计一个算法求它从 $(0,0)$ 移动到 (m,n) 有多少条路径。

13. 两种水果杂交出一种新水果，现在给新水果取名，要求这个名字中包含了以前两种水果名字的字母，并且这个名字要尽量短。也就是说，以前的一种水果名字 arr1 是新水果名字 arr 的子序列，另一种水果名字 arr2 也是新水果名字 arr 的子序列。设计一个算法求 arr。

例如：输入以下 3 组水果名称：

apple peach

ananas banana

pear peach

输出的新水果名称如下：

appleach

bananas

pearch

1.8.2　练习题参考答案

1. **答**：B。
2. **答**：D。
3. **答**：D。
4. **答**：C。

5. **答**：动态规划法的基本思路是将待求解问题分解成若干个子问题，先求子问题的解，然后从这些子问题的解得到原问题的解。

6. **答**：动态规划法的3个基本要素是最优子结构性质、无后效性和重叠子问题性质，贪心法的两个基本要素是贪心选择性质和最优子结构性质，所以两者的共同点是都要求问题具有最优子结构性质。

两者的不同点如下：

（1）求解方式不同，动态规划法是自底向上的，有些具有最优子结构性质的问题只能用动态规划法，有些可用贪心法；而贪心法是自顶向下的。

（2）对子问题的依赖不同，动态规划法依赖于各子问题的解，所以应使各子问题最优才能保证整体最优；而贪心法依赖于过去所做过的选择，但决不依赖于将来的选择，也不依赖于子问题的解。

7. **答**：两者的共同点是将待求解的问题分解成若干个子问题，先求解子问题，然后从这些子问题的解得到原问题的解。

两者的不同点如下：适合用动态规划法求解的问题，分解得到的各子问题往往不是相互独立的（重叠子问题性质），而分治法中的子问题相互独立；另外，动态规划法用表保存已求解过的子问题的解，再次碰到同样的子问题时不必重新求解，只需查询答案，故可获得多项式级时间复杂度，效率较高，而分治法中对于每次出现的子问题均求解，导致同样的子问题被反复求解，故产生指数增长的时间复杂度，效率较低。

8. **答**：判断算法是否具有最优子结构性质、无后效性和重叠子问题性质。（2）、（3）和（4）均属于动态规划算法。

9. **解**：设计一个 dp 数组，dp[i]对应 f(i)的值，首先将 dp 的所有元素初始化为 0，在计算 f(i)时，若 dp[0]＞0 表示 f(i)已经求出，直接返回 dp[i]即可，这样避免了重复计算。对应的算法如下：

```
long dp[MAX];                     //dp[n]保存 f(n)的计算结果
long f1(int n)
{   if (n==1)
    {   dp[n]=1;
        return dp[n];
    }
    if (n==2)
    {   dp[n]=2;
        return dp[n];
    }
    if (dp[n]>0) return dp[n];
```

```
    long sum=1;
    for (int i=1;i<=n−1;i++)
        sum+=f1(i);
    dp[n]=sum;
    return dp[n];
}
```

10. **解**：设计一个数组 a，其中 $a[i]=f(i)$，首先将 a 的所有元素初始化为 0，当 $a[i]>0$ 时表示对应的 $f(i)$ 已经求出，直接返回就可以了。对应的完整程序如下：

```
#include <stdio.h>
#include <string.h>
#define MAXN 201
//问题表示
int n;
int a[MAXN];
int fa(int i)                          //求 a[i]
{   int ans=1;
    if (a[i]>0)
        return a[i];
    for(int j=1;j<=i/2;j++)
        ans+=fa(j);
    a[i]=ans;
    return ans;
}
int solve(int n)                       //求 set(n)的元素个数
{   memset(a,0,sizeof(a));
    a[1]=1;
    return fa(n);
}
void main()
{   n=6;
    printf("求解结果\n");
    printf(" n=%d 时半数集元素个数=%d\n",n,solve(n));
}
```

11. **解**：定义 $C(i,j)=C_i^j, i \geqslant j$，则有递推计算公式 $C(i,j)=C(i-1,j-1)+C(i-1,j)$，初始条件为 $C(i,0)=1, C(i,i)=1$。用户可以根据初始条件由此递推关系计算 $C(n,k)$，即 C_n^k。对应的程序如下：

```
#include <stdio.h>
#define MAXN 51
#define MAXK 31
//问题表示
int n,k;
//求解结果表示
int C[MAXN][MAXK];
void solve()
```

```
{   int i,j;
    for (i=0;i<=n;i++)
    {   C[i][i]=1;
        C[i][0]=1;
    }
    for (i=1;i<=n;i++)
        for (j=1;j<=k;j++)
            C[i][j]=C[i-1][j-1]+C[i-1][j];
}
void main()
{   n=5,k=3;
    solve();
    printf("%d\n",C[n][k]);              //输出 10
}
```

显然，solve()算法的时间复杂度为 $O(n^2)$。

12. 解：设从 $(0,0)$ 移动到 (i,j) 的路径条数为 $dp[i][j]$，由于机器人只能向下和向右移动，不同于迷宫问题（迷宫问题由于存在后退，不满足无后效性，不适合用动态规划法求解）。对应的状态转移方程如下：

$$dp[0][j]=1$$
$$dp[i][0]=1$$
$$dp[i][j]=dp[i][j-1]+dp[i-1][j] \quad i,j>0$$

最后结果是 $dp[m][n]$。对应的程序如下：

```
#include <stdio.h>
#include <string.h>
#define MAXX 51
#define MAXY 51
//问题表示
int m,n;
//求解结果表示
int dp[MAXX][MAXY];
void solve()
{   int i,j;
    dp[0][0]=0;
    memset(dp,0,sizeof(dp));
    for (i=1;i<=m;i++)
        dp[i][0]=1;
    for (j=1;j<=n;j++)
        dp[0][j]=1;
    for (i=1;i<=m;i++)
        for (j=1;j<=n;j++)
            dp[i][j]=dp[i][j-1]+dp[i-1][j];
}
void main()
{   m=5,n=3;
```

```
    solve();
    printf("%d\n",dp[m][n]);
}
```

13. **解**：本题目的思路是先求 arr1 和 arr2 字符串的最长公共子序列,基本过程参见《教程》8.5 节,再利用递归输出新水果取名。

在算法中设置二维动态规划数组 dp,dp[i][j]表示 arr1[0..i−1](i 个字母)和 arr2[0..j−1](j 个字母)中最长公共子序列的长度。另外设置二维数组 b,b[i][j]表示 arr1 和 arr2 比较的 3 种情况：b[i][j]=0 表示 arr1[i−1]=arr2[j−1];b[i][j]=1 表示 arr1[i−1]≠arr2[j−1]并且 dp[i−1][j]>dp[i][j−1];b[i][j]=2 表示 arr1[i−1]≠arr2[j−1]并且 dp[i−1][j]≤dp[i][j−1]。

对应的完整程序如下：

```c
#include <stdio.h>
#include <string.h>
#define MAX 51                          //序列中最多的字符个数
//问题表示
int m,n;
char arr1[MAX],arr2[MAX];
//求解结果表示
int dp[MAX][MAX];                       //动态规划数组
int b[MAX][MAX];                        //存放 arr1 与 arr2 比较的 3 种情况
void Output(int i,int j)                //利用递归输出新水果取名
{   if (i==0 && j==0)                   //输出完毕
        return;
    if(i==0)                            //arr1 完毕,输出 arr2 的剩余部分
    {   Output(i,j-1);
        printf("%c",arr2[j-1]);
        return;
    }
    else if(j==0)                       //arr2 完毕,输出 arr1 的剩余部分
    {   Output(i-1,j);
        printf("%c",arr1[i-1]);
        return;
    }
    if (b[i][j]==0)                     //arr1[i-1]=arr2[j-1]的情况
    {   Output(i-1,j-1);
        printf("%c",arr1[i-1]);
        return;
    }
    else if(b[i][j]==1)
    {   Output(i-1,j);
        printf("%c",arr1[i-1]);
        return;
    }
    else
    {   Output(i,j-1);
        printf("%c",arr2[j-1]);
        return;
```

```
        }
    }
    void LCSlength()                              //求 dp
    {   int i,j;
        for (i=0;i<=m;i++)                        //将 dp[i][0]置为 0,边界条件
            dp[i][0]=0;
        for (j=0;j<=n;j++)                        //将 dp[0][j]置为 0,边界条件
            dp[0][j]=0;
        for (i=1;i<=m;i++)
            for (j=1;j<=n;j++)                    //两重 for 循环处理 arr1、arr2 的所有字符
            {   if (arr1[i-1]==arr2[j-1])         //比较的字符相同:情况 0
                {   dp[i][j]=dp[i-1][j-1]+1;
                    b[i][j]=0;
                }
                else if (dp[i-1][j]>dp[i][j-1])   //情况 1
                {   dp[i][j]=dp[i-1][j];
                    b[i][j]=1;
                }
                else                              //dp[i-1][j]≤dp[i][j-1]:情况 2
                {   dp[i][j]=dp[i][j-1];
                    b[i][j]=2;
                }
            }
    }
    void main()
    {   int t;                                    //输入测试用例个数
        printf("测试用例个数: ");
        scanf("%d",&t);
        while(t--)
        {   scanf("%s",arr1);
            scanf("%s",arr2);
            memset(b,-1,sizeof(b));
            m=strlen(arr1);                       //m 为 arr1 的长度
            n=strlen(arr2);                       //n 为 arr2 的长度
            LCSlength();                          //求出 dp
            printf("结果: "); Output(m,n);        //输出新水果取名
            printf("\n");
        }
    }
```

上述程序的一次执行结果如图 1.46 所示。

图 1.49　程序的一次执行结果

1.9　第 9 章——图算法设计

1.9.1　练习题

1. 以下不属于贪心算法的是(　　)。

　　A. Prim 算法　　　　B. Kruskal 算法　　　C. Dijkstra 算法　　　D. 深度优先遍历

2. 一个有 n 个顶点的连通图的生成树是原图的最小连通子图,包含原图中的 n 个顶点,并且有保持图连通的最少的边。最大生成树就是权和最大生成树,现在给出一个无向带权图的邻接矩阵为 $\{\{0,4,5,0,3\},\{4,0,4,2,3\},\{5,4,0,2,0\},\{0,2,2,0,1\},\{3,3,0,1,0\}\}$,其中权为 0 表示没有边。一个图为求这个图的最大生成树的权和是(　　)。

　　A. 11　　　　　　　B. 12　　　　　　　C. 13　　　　　　　D. 14　E. 15

3. 某个带权连通图有 4 个以上的顶点,其中恰好有两条权值最小的边,尽管该图的最小生成树可能有多个,这两条权值最小的边一定包含在所有的最小生成树中吗? 如果有 3 条权值最小的边呢?

4. 为什么 TSP 问题采用贪心算法求解不一定得到最优解?

5. 求最短路径的 4 种算法适合带权无向图吗?

6. 求单源最短路径的算法有 Dijkstra 算法、Bellman-Ford 算法和 SPFA 算法,比较这些算法的不同点。

7. 有人这样修改 Dijkstra 算法以便求一个带权连通图的单源最长路径:将每次选择 dist 最小的顶点 u 改为选择最大的顶点 u,将按路径长度小进行调整改为按路径长度大调整。这样可以求单源最长路径吗?

8. 给出一种方法求无环带权连通图(所有权值非负)中从顶点 s 到顶点 t 的一条最长简单路径。

9. 一个运输网络如图 1.50 所示,边上的数字为 $(c(i,j),b(i,j))$,其中 $c(i,j)$ 表示容量,$b(i,j)$ 表示单位运输费用,给出从 1、2、3 位置运输货物到位置 6 的最小费用最大流的过程。

10.《教程》中的 Dijkstra 算法采用邻接矩阵存储图,算法时间复杂度为 $O(n^2)$。请从各方面考虑优化该算法,用于求从源点 v 到其他顶点的最短路径长度。

11. 有一个带权有向图 G(所有权为正整数),采用邻接矩阵存储,设计一个算法求其中的一个最小环。

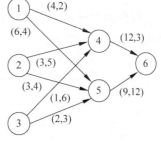

图 1.50　一个运输网络

1.9.2　练习题参考答案

1. 答:D。

2. 答:采用类似 Kruskal 算法来求最大生成树,第 1 步取最大边 $(0,2)$,第 2 步取边 $(0,1)$,第 3 步取边 $(0,4)$,第 4 步取最大边 $(1,3)$,得到的权和为 14。答案为 D。

3. 答:这两条权值最小的边一定包含在所有的最小生成树中,因为按 Kruskal 算法一定首先选中这两条权值最小的边。如果有 3 条权值最小的边就不一定了,因为首先选中这 3 条权值最小的边有可能出现回路。

4. 答:TSP 问题不满足最优子结构性质,例如 $(0,1,2,3,0)$ 是整个问题的最优解,但 $(0,1,2,0)$ 不一定是子问题的最优解。

5. 答:都适合带权无向图求最短路径。

6. 答:Dijkstra 算法不适合存在负权边的图求单源最短路径,其时间复杂度为 $O(n^2)$。 Bellman-Ford 算法和 SPFA 算法适合存在负权边的图求单源最短路径,但图中不能存在权值和为负的环。Bellman-Ford 算法的时间复杂度为 $O(ne)$,而 SPFA 算法的时间复杂度为 $O(e)$,所以 SPFA 算法更优。

7. 答:不能。Dijkstra 算法本质上是一种贪心算法,而求单源最长路径不满足贪心选择性质。

8. 答:Bellman-Ford 算法和 SPFA 算法适合存在负权边的图求单源最短路径,可以将图中所有边权值改为负权值,求出从顶点 s 到顶点 t 的一条最短简单路径,它就是原来图中从顶点 s 到顶点 t 的一条最长简单路径。

9. 答:为该运输网络添加一个虚拟起点 0,它到 1、2、3 位置的运输费用为 0,容量分别为到 1、2、3 位置的运输容量和,如图 1.51 所示,起点 $s=0$,终点 $t=6$。

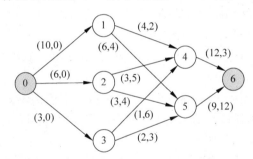

图 1.51　添加一个虚拟起点的运输网络

首先初始化 f 为零流,最大流量 maxf＝0,最小费用 mincost＝0,采用最小费用最大流算法求解的过程如下。

(1) $k=0$,求出 w 如下:

0	0	0	0	∞	∞	∞
∞	0	∞	∞	2	4	∞
∞	∞	0	∞	5	4	∞
∞	∞	∞	0	6	3	∞
∞	∞	∞	∞	0	∞	3
∞	∞	∞	∞	∞	0	12
∞	∞	∞	∞	∞	∞	0

求出从起点 0 到终点 6 的最短路径为 0→1→4→6,求出最小调整量 $\theta=4$,$f[4][6]$ 调整为 4,$f[1][4]$ 调整为 4,$f[0][1]$ 调整为 4,mincost＝20,maxf＝4。

（2）$k=1$，求出 w 如下：

0	0	0	0	∞	∞	∞
0	0	∞	∞	∞	4	∞
∞	∞	0	∞	5	4	∞
∞	∞	∞	0	6	3	∞
∞	−2	∞	∞	0	∞	3
∞	∞	∞	∞	∞	0	12
∞	∞	∞	∞	−3	∞	0

求出从起点 0 到终点 6 的最短路径为 $0 \to 2 \to 4 \to 6$，求出最小调整量 $\theta=3$，$f[4][6]$ 调整为 7，$f[2][4]$ 调整为 3，$f[0][2]$ 调整为 3，mincost＝44，maxf＝4＋3＝7。

（3）$k=2$，求出 w 如下：

0	0	0	0	∞	∞	∞
0	0	∞	∞	∞	4	∞
0	∞	0	∞	∞	4	∞
∞	∞	∞	0	6	3	∞
∞	−2	−5	∞	0	∞	3
∞	∞	∞	∞	∞	0	12
∞	∞	∞	∞	−3	∞	0

求出从起点 0 到终点 6 的最短路径为 $0 \to 3 \to 4 \to 6$，求出最小调整量 $\theta=1$，$f[4][6]$ 调整为 8，$f[3][4]$ 调整为 1，$f[0][3]$ 调整为 1，mincost＝53，maxf＝7＋1＝8。

（4）$k=3$，求出 w 如下：

0	0	0	0	∞	∞	∞
0	0	∞	∞	∞	4	∞
0	∞	0	∞	∞	4	∞
0	∞	∞	0	∞	3	∞
∞	−2	−5	−6	0	∞	3
∞	∞	∞	∞	∞	0	12
∞	∞	∞	∞	−3	∞	0

求出从起点 0 到终点 6 的最短路径为 $0 \to 3 \to 5 \to 6$，求出最小调整量 $\theta=2$，$f[5][6]$ 调整为 2，$f[3][5]$ 调整为 2，$f[0][3]$ 调整为 3，mincost＝83，maxf＝8＋2＝10。

（5）$k=4$，求出 w 如下：

0	0	0	∞	∞	∞	∞
0	0	∞	∞	∞	4	∞
0	∞	0	∞	∞	4	∞
0	∞	∞	0	∞	∞	∞
∞	−2	−5	−6	0	∞	3
∞	∞	∞	−3	∞	0	12
∞	∞	∞	∞	−3	−12	0

求出从起点 0 到终点 6 的最短路径为 $0{\to}1{\to}5{\to}6$，求出最小调整量 $\theta=6$，$f[5][6]$ 调整为 8，$f[1][5]$ 调整为 6，$f[0][1]$ 调整为 10，mincost$=179$，maxf$=10+6=16$。

（6）$k=5$，求出 w 如下：

0	∞	0	∞	∞	∞	∞
0	0	∞	∞	∞	∞	∞
0	∞	0	∞	∞	4	∞
0	∞	∞	0	∞	∞	∞
∞	−2	−5	−6	0	∞	3
∞	−4	∞	−3	∞	0	12
∞	∞	∞	∞	−3	−12	0

求出从起点 0 到终点 6 的最短路径为 $0{\to}1{\to}5{\to}6$，求出最小调整量 $\theta=1$，$f[5][6]$ 调整为 9，$f[2][5]$ 调整为 1，$f[0][2]$ 调整为 4，mincost$=195$，maxf$=16+1=17$。

（7）$k=6$，求出的 w 中没有增广路径，调整结束。对应的最大流如下：

0	10	4	3	0	0	0
0	0	0	0	4	6	0
0	0	0	0	3	1	0
0	0	0	0	1	2	0
0	0	0	0	0	0	8
0	0	0	0	0	0	9
0	0	0	0	0	0	0

最终结果，maxf$=17$，mincost$=195$。即运输的最大货物量为 17，对应的最小总运输费用为 195。

10. **解**：从两个方面考虑优化。

（1）在 Dijkstra 算法中，当求出从源点 v 到顶点 u 的最短路径长度后，仅仅调整从顶点 u 出发的邻接点的最短路径长度，而《教程》中的 Dijkstra 算法由于采用邻接矩阵存储图，需要花费 $O(n)$ 的时间来调整从顶点 u 出发的邻接点的最短路径长度，如果采用邻接表存储图，可以很快地查找到顶点 u 的所有邻接点并进行调整，时间为 $O(\mathrm{MAX}($图中顶点的出度$))$。

（2）在求目前一个最短路径长度的顶点 u 时，《教程》上的 Dijkstra 算法采用简单比较方法，可以改为采用优先队列（小根堆）求解。由于最多 e 条边对应的顶点进队，对应的时间为 $O(\log_2 e)$。

对应的完整程序和测试数据算法如下：

```
# include "Graph.cpp"          //包含图的基本运算算法
# include < queue >
# include < string. h >
using namespace std;
ALGraph * G;                   //图的邻接表存储结构，作为全局变量
struct Node                    //声明堆中结点类型
```

```
{   int i;                              //顶点编号
    int v;                              //dist[i]值
    friend bool operator <(const Node &a, const Node &b)        //定义比较运算符
    {   return a.v > b.v; }
};
void Dijkstra(int v, int dist[])        //改进的 Dijkstra 算法
{   ArcNode  *p;
    priority_queue < Node > qu;         //创建小根堆
    Node e;
    int S[MAXV];                        //S[i]=1 表示顶点 i 在 S 中, S[i]=0 表示顶点 i 在 U 中
    int i, j, u, w;
    memset(S, 0, sizeof(S));
    p=G -> adjlist[v].firstarc;
    for (i=0; i < G -> n; i++) dist[i]=INF;
    while (p!=NULL)
    {   w=p -> adjvex;
        dist[w]=p -> weight;            //距离初始化
        e.i=w; e.v=dist[w];             //将 v 的出边顶点进队 qu
        qu.push(e);
        p=p -> nextarc;
    }
    S[v]=1;                             //源点编号 v 放入 S 中
    for (i=0; i < G -> n-1; i++)        //循环直到所有顶点的最短路径都求出
    {   e=qu.top(); qu.pop();           //出队 e
        u=e.i;                          //选取具有最短路径长度的顶点 u
        S[u]=1;                         //顶点 u 加入 S 中
        p=G -> adjlist[u].firstarc;
        while (p!=NULL)                 //考察从顶点 u 出发的所有相邻点
        {   w=p -> adjvex;
            if (S[w]==0)                //考虑修改不在 S 中的顶点 w 的最短路径长度
                if (dist[u]+p -> weight < dist[w])
                {   dist[w]=dist[u]+p -> weight;        //修改最短路径长度
                    e.i=w; e.v=dist[w];
                    qu.push(e);         //修改最短路径长度的顶点进队
                }
            p=p -> nextarc;
        }
    }
}
void Disppathlength(int v, int dist[])  //输出最短路径长度
{   printf("从%d顶点出发的最短路径长度如下:\n", v);
    for (int i=0; i < G -> n; ++i)
        if (i!=v)
            printf(" 到顶点%d: %d\n", i, dist[i]);
}
void main()
{   int A[MAXV][MAXV]={
        {0, 4, 6, 6, INF, INF, INF},
        {INF, 0, 1, INF, 7, INF, INF},
```

```
        {INF,INF,0,INF,6,4,INF},
        {INF,INF,2,0,INF,5,INF},
        {INF,INF,INF,INF,0,INF,6},
        {INF,INF,INF,INF,1,0,8},
        {INF,INF,INF,INF,INF,INF,0}});
    int n=7, e=12;
    CreateAdj(G,A,n,e);              //建立图的邻接表
    printf("图 G 的邻接表:\n");
    DispAdj(G);                      //输出邻接表
    int v=0;
    int dist[MAXV];
    Dijkstra(v,dist);                //调用 Dijkstra 算法
    Disppathlength(v,dist);          //输出结果
    DestroyAdj(G);                   //销毁图的邻接表
}
```

上述程序的执行结果如图 1.52 所示。

图 1.52　程序执行结果

其中,Dijkstra 算法的时间复杂度为 $O(n(\log_2 e + \text{MAX(顶点的出度)}))$,一般图中最大顶点出度远小于 e,所以进一步简化时间复杂度为 $O(n\log_2 e)$。

11. 解:利用 Floyd 算法求出所有顶点对之间的最短路径,若顶点 i 到 j 有最短路径,而图中又存在顶点 j 到 i 的边,则构成一个环,在所有环中比较找到一个最小环并输出。对应的程序如下:

```
#include "Graph.cpp"                 //包含图的基本运算算法
#include <vector>
using namespace std;
void Dispapath(int path[][MAXV],int i,int j)
//输出顶点 i 到 j 的一条最短路径
{   vector<int> apath;               //存放一条最短路径的中间顶点(反向)
    int k=path[i][j];
    apath.push_back(j);              //路径上添加终点
```

```
        while (k!=-1 && k!=i)                      //路径上添加中间点
        {   apath.push_back(k);
            k=path[i][k];
        }
        apath.push_back(i);                         //路径上添加起点
        for (int s=apath.size()-1;s>=0;s--)         //输出路径上的中间顶点
            printf("%d→",apath[s]);
}
int Mincycle(MGraph g,int A[MAXV][MAXV],int &mini,int &minj)
//在图 g 和 A 中查找一个最小环
{   int i,j,min=INF;
    for (i=0;i<g.n;i++)
        for (j=0;j<g.n;j++)
            if (i!=j && g.edges[j][i]<INF)
            {   if (A[i][j]+g.edges[j][i]<min)
                {   min=A[i][j]+g.edges[j][i];
                    mini=i; minj=j;
                }
            }
    return min;
}

void Floyd(MGraph g)                                //用 Floyd 算法求图 g 中的一个最小环
{   int A[MAXV][MAXV],path[MAXV][MAXV];
    int i,j,k,min,mini,minj;
    for (i=0;i<g.n;i++)
        for (j=0;j<g.n;j++)
        {   A[i][j]=g.edges[i][j];
            if (i!=j && g.edges[i][j]<INF)
                path[i][j]=i;                       //顶点 i 到 j 有边时
            else
                path[i][j]=-1;                      //顶点 i 到 j 没有边时
        }
    for (k=0;k<g.n;k++)                             //依次考察所有顶点
    {   for (i=0;i<g.n;i++)
            for (j=0;j<g.n;j++)
                if (A[i][j]>A[i][k]+A[k][j])
                {   A[i][j]=A[i][k]+A[k][j];        //修改最短路径长度
                    path[i][j]=path[k][j];          //修改最短路径
                }
    }
    min=Mincycle(g,A,mini,minj);
    if (min!=INF)
    {   printf("图中最小环: ");
        Dispapath(path,mini,minj);                  //输出一条最短路径
        printf("%d, 长度: %d\n",mini,min);
    }
    else printf(" 图中没有任何环\n");
}
void main()
```

```
{   MGraph g;
    int A[MAXV][MAXV]={{0,5,INF,INF},{INF,0,1,INF},
                {3,INF,0,2},{INF,4,INF,0}};
    int n=4, e=5;
    CreateMat(g,A,n,e);                    //建立图的邻接矩阵
    printf("图 G 的邻接矩阵:\n");
    DispMat(g);                            //输出邻接矩阵
    Floyd(g);
}
```

上述程序的执行结果如图 1.53 所示。

图 1.53　程序执行结果

1.10　　第 10 章——计算几何

1.10.1　练习题

1. 对如图 1.54 所示的点集 A,给出采用 Graham 扫描算法求凸包的过程及结果。

2. 对如图 1.54 所示的点集 A,给出采用分治法求最近点对的过程及结果。

3. 对如图 1.54 所示的点集 A,给出采用旋转卡壳法求最远点对的结果。

4. 对应 3 个点向量 p_1、p_2、p_3,采用 $S(p_1,p_2,p_3)=(p_2-p_1)\times(p_3-p_1)/2$ 求它们构成的三角形的面积,请问什么情况下计算结果为正? 什么情况下计算结果为负?

5. 已知坐标为整数,给出判断平面上的一点 p 是否在一个逆时针三角形 p_1-p_2-p_3 内部的算法。

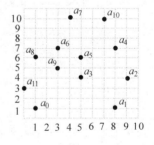

图 1.54　一个点集 A

1.10.2　练习题参考答案

1. 答:采用 Graham 扫描算法求凸包的过程及结果如下。

求出起点 $a_0(1,1)$。

排序后:$a_0(1,1)$ $a_1(8,1)$ $a_2(9,4)$ $a_3(5,4)$ $a_4(8,7)$ $a_5(5,6)$ $a_{10}(7,10)$ $a_9(3,5)$

$a_6(3,7)$ $a_7(4,10)$ $a_8(1,6)$ $a_{11}(0,3)$。

先将 $a_0(1,1)$ 进栈,$a_1(8,1)$ 进栈,$a_2(9,4)$ 进栈。

处理点 $a_3(5,4)$:$a_3(5,4)$ 进栈。

处理点 $a_4(8,7)$:$a_3(5,4)$ 存在右拐关系,退栈,$a_4(8,7)$ 进栈。

处理点 $a_5(5,6)$:$a_5(5,6)$ 进栈。

处理点 $a_{10}(7,10)$:$a_5(5,6)$ 存在右拐关系,退栈,$a_{10}(7,10)$ 进栈。

处理点 $a_9(3,5)$:$a_9(3,5)$ 进栈。

处理点 $a_6(3,7)$:$a_9(3,5)$ 存在右拐关系,退栈,$a_6(3,7)$ 进栈。

处理点 $a_7(4,10)$:$a_6(3,7)$ 存在右拐关系,退栈,$a_7(4,10)$ 进栈。

处理点 $a_8(1,6)$:$a_8(1,6)$ 进栈。

处理点 $a_{11}(0,3)$:$a_{11}(0,3)$ 进栈。

结果:$n=8$,凸包的顶点为 $a_0(1,1)$ $a_1(8,1)$ $a_2(9,4)$ $a_4(8,7)$ $a_{10}(7,10)$ $a_7(4,10)$ $a_8(1,6)$ $a_{11}(0,3)$。

2. 答:求解过程如下。

排序前:$(1,1)$ $(8,1)$ $(9,4)$ $(5,4)$ $(8,7)$ $(5,6)$ $(3,7)$ $(4,10)$ $(1,6)$ $(3,5)$ $(7,10)$ $(0,3)$。按 x 坐标排序后:$(0,3)$ $(1,1)$ $(1,6)$ $(3,7)$ $(3,5)$ $(4,10)$ $(5,4)$ $(5,6)$ $(7,10)$ $(8,1)$ $(8,7)$ $(9,4)$。按 y 坐标排序后:$(1,1)$ $(8,1)$ $(0,3)$ $(5,4)$ $(9,4)$ $(3,5)$ $(1,6)$ $(5,6)$ $(3,7)$ $(8,7)$ $(4,10)$ $(7,10)$。

(1) 中间位置 midindex=5,左部分:$(0,3)$ $(1,1)$ $(1,6)$ $(3,7)$ $(3,5)$ $(4,10)$;右部分:$(5,4)$ $(5,6)$ $(7,10)$ $(8,1)$ $(8,7)$ $(9,4)$;中间部分点集为 $(0,3)$ $(3,7)$ $(4,10)$ $(5,4)$ $(5,6)$ $(7,10)$ $(8,7)$。

(2) 求解左部分:$(0,3)$ $(1,1)$ $(1,6)$ $(3,7)$ $(3,5)$ $(4,10)$。

中间位置=2,划分为左部分1:$(0,3)$ $(1,1)$ $(1,6)$,右部分1:$(3,7)$ $(3,5)$ $(4,10)$。

处理左部分1:点数少于4,求出最近距离=2.23607,即 $(0,3)$ 和 $(1,1)$ 之间的距离。

处理右部分1:点数少于4,求出最近距离=2,即 $(3,7)$ 和 $(3,5)$ 之间的距离。

再考虑中间部分(中间部分最近距离=2.23)求出左部分 d1=2。

(3) 求解右部分:$(5,4)$ $(5,6)$ $(7,10)$ $(8,1)$ $(8,7)$ $(9,4)$。

中间位置=8,划分为左部分2:$(5,4)$ $(5,6)$ $(7,10)$,右部分2:$(8,1)$ $(8,7)$ $(9,4)$。

处理左部分2:点数少于4,求出最近距离=2,即 $(5,4)$ 和 $(5,6)$ 之间的距离。

处理右部分2:点数少于4,求出最近距离=3.16228,即 $(8,1)$ 和 $(9,4)$ 之间的距离。

再考虑中间部分(中间部分为空)求出右部分 d2=2。

(4) 求解中间部分点集:$(0,3)$ $(3,7)$ $(4,10)$ $(5,4)$ $(5,6)$ $(7,10)$ $(8,7)$。求出最近距离 d3=5。

最终结果为 $d=\text{MIN}\{d1,d2,d3\}=2$。

3. 答:采用旋转卡壳法求出两个最远点对是 $(1,1)$ 和 $(7,10)$,最远距离为 10.82。

4. 答:当三角形 $p_1-p_2-p_3$ 逆时针方向时,如图 1.55 所示,p_2-p_1 在 p_3-p_1 的顺时针方向上,或者 p_1、p_2、p_3 在右手螺旋方向上 $(p_2-p_1)\times(p_3-p_1)>0$,对应的面积 $(p_2-$

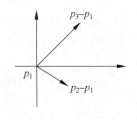

图 1.55　$p_1-p_2-p_3$ 逆时针方向图

$p_1) \times (p_3 - p_1)/2$ 为正。

当三角形 $p_1 - p_2 - p_3$ 顺时针方向时,如图 1.56 所示,$p_2 - p_1$ 在 $p_3 - p_1$ 的逆时针方向上,或者 p_1、p_2、p_3 在左手螺旋方向上 $(p_2 - p_1) \times (p_3 - p_1) < 0$,对应的面积 $(p_2 - p_1) \times (p_3 - p_1)/2$ 为负。

5. 答:用 $S(p_1, p_2, p_3) = (p_2 - p_1) \times (p_3 - p_1)/2$ 求三角形 $p_1 - p_2 - p_3$ 带符号的面积。如图 1.57 所示。若 $S(p, p_2, p_3)$、$S(p, p_3, p_1)$ 和 $S(p, p_1, p_2)$ (3 个三角形的方向均构成右手螺旋方向)均大于 0,表示 p 在该三角形的内部。

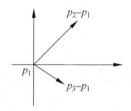

图 1.56　$p_1 - p_2 - p_3$ 顺时针方向图

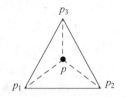

图 1.57　一个点 p 和一个三角形

对应的程序如下:

```
#include "Fundament.cpp"              //包含向量基本运算算法
double getArea(Point p1, Point p2, Point p3)    //求带符号的面积
{
    return Det(p2-p1, p3-p1);
}
bool Intrig(Point p, Point p1, Point p2, Point p3)   //判断 p 是否在三角形 p1p2p3 的内部
{   double area1=getArea(p, p2, p3);
    double area2=getArea(p, p3, p1);
    double area3=getArea(p, p1, p2);
    if (area1>0 && area2>0 && area3>0)
        return true;
    else
        return false;
}
void main()
{   printf("求解结果\n");
    Point p1(0,0);
    Point p2(5,-4);
    Point p3(4,3);
    Point p4(3,1);
    Point p5(-1,1);
    printf(" p1:"); p1.disp(); printf("\n");
    printf(" p2:"); p2.disp(); printf("\n");
    printf(" p3:"); p3.disp(); printf("\n");
    printf(" p4:"); p4.disp(); printf("\n");
    printf(" p5:"); p5.disp(); printf("\n");
    printf(" p1p2p3 三角形面积: %g\n", getArea(p1, p2, p3));
    printf(" p4 在 p1p2p3 三角形内部: %s\n", Intrig(p4, p1, p2, p3)?"是":"不是");
    printf(" p5 在 p1p2p3 三角形内部: %s\n", Intrig(p5, p1, p2, p3)?"是":"不是");
}
```

上述程序的执行结果如图 1.58 所示。

图 1.58　程序执行结果

1.11　第 11 章——计算复杂性理论简介 ✳

1.11.1　练习题

1. 旅行商问题是 NP 问题吗？（　　　）

　　A. 否　　　　　　　　　　B. 是　　　　　　　　C. 至今尚无定论

2. 下面有关 P 问题、NP 问题和 NPC 问题，说法错误的是（　　　）。

　　A. 如果一个问题可以找到一个能在多项式的时间里解决它的算法，那么这个问题
　　　　就属于 P 问题

　　B. NP 问题是指可以在多项式的时间里验证一个解的问题

　　C. 所有的 P 类问题都是 NP 问题

　　D. NPC 问题不一定是 NP 问题，只要保证所有的 NP 问题都可以约化到它即可

3. 对于《教程》例 11.2 设计的图灵机，分别给出执行 f(3,2) 和 f(2,3) 的瞬像演变过程。

4. 什么是 P 类问题？什么是 NP 类问题？

5. 证明求两个 m 行 n 列的二维矩阵相加的问题属于 P 类问题。

6. 证明求含有 n 个元素的数据序列中最大元素的问题属于 P 类问题。

7. 设计一个确定性图灵机 M，用于计算后继函数 $S(n)=n+1$（n 为一个二进制数），并给出求 1010001 的后继函数值的瞬像演变过程。

1.11.2　练习题参考答案

1. 答：B。

2. 答：D。

3. 答：(1) 执行 $f(3,2)$ 时，输入带上的初始信息为 000100B，其瞬像演变过程如下：

$q_0$000100B $\mapsto$ B$q_1$00100B $\mapsto$ B0$q_1$0100B $\mapsto$ B00$q_1$100B $\mapsto$ B001$q_2$00B $\mapsto$ B00$q_3$110B $\mapsto$ B0$q_3$0110B $\mapsto$ B$q_3$00110B $\mapsto$ q_3B00110B $\mapsto$ B$q_0$00110B $\mapsto$ BB$q_1$0110B $\mapsto$ BB0$q_1$110B $\mapsto$ BB01$q_2$10B $\mapsto$ BB011$q_2$0B $\mapsto$ BB01$q_3$11B $\mapsto$ BB0$q_3$111B $\mapsto$ BB$q_3$0111B $\mapsto$ BB$q_0$0111B $\mapsto$ BBB1$q_2$11B $\mapsto$

$BBB11q_2 1B \mapsto BBB111q_2 B \mapsto BBB11q_4 1B \mapsto BBB1q_4 1BB \mapsto BBBq_4 1BBB \mapsto BBBq_4 BBBB \mapsto$
$BBB0q_6 BBB$

最终带上有一个 0,计算结果为 1。

（2）执行 $f(2,3)$ 时,输入带上的初始信息为 001000B,其瞬像演变过程如下:

$q_0 001000B \mapsto Bq_0 01000B \mapsto B0q_1 1000B \mapsto B01q_2 000B \mapsto B0q_3 1100B \mapsto Bq_3 01100B \mapsto$
$q_3 B01100B \mapsto Bq_0 01100B \mapsto BBq_1 1100B \mapsto BB1q_2 100B \mapsto BB11q_2 00B \mapsto BB1q_3 100B \mapsto BBq_3$
$1100B \mapsto Bq_3 B1100B \mapsto BBq_0 1100B \mapsto BBBq_5 100B \mapsto BBBBq_5 00B \mapsto BBBBBq_5 0B \mapsto BBBBBBq_5$
$B \mapsto BBBBBBBq_6$

最终带上有零个 0,计算结果为 0。

4. 答:用确定性图灵机以多项式时间界可解的问题称为 P 类问题。用非确定性图灵机以多项式时间界可解的问题称为 NP 类问题。

5. 答:求两个 m 行 n 列的二维矩阵相加的问题对应的算法时间复杂度为 $O(mn)$,所以属于 P 类问题。

6. 答:求含有 n 个元素的数据序列中最大元素的问题的算法时间复杂度为 $O(n)$,所以属于 P 类问题。

7. 解:q_0 为初始状态,q_3 为终止状态,读写头初始时注视最右边的格。δ 动作函数如下:

$\delta(q_0, 0) \rightarrow (q_1, 1, L)$

$\delta(q_0, 1) \rightarrow (q_2, 0, L)$

$\delta(q_0, B) \rightarrow (q_3, B, R)$

$\delta(q_1, 0) \rightarrow (q_1, 0, L)$

$\delta(q_1, 1) \rightarrow (q_1, 1, L)$

$\delta(q_1, B) \rightarrow (q_3, B, L)$

$\delta(q_2, 0) \rightarrow (q_1, 1, L)$

$\delta(q_2, 1) \rightarrow (q_2, 0, L)$

$\delta(q_2, B) \rightarrow (q_3, B, L)$

求 10100010 的后继函数值的瞬像演变过程如下:

$B1010001q_0 0B \mapsto B101000q_1 11B \mapsto B10100q_1 011B \mapsto B1010q_1 0011B \mapsto B101q_1 00011B$
$\mapsto B10q_1 100011B \mapsto B1q_1 0100011B \mapsto Bq_1 10100011B \mapsto q_1 B10100011B$
$\mapsto q_3 BB10100011B$

其结果为 10100011。

1.12 第 12 章——概率算法和近似算法 ※

1.12.1 练习题

1. 蒙特卡罗算法是（　　）的一种。

　　A. 分枝限界算法　　　B. 贪心算法　　　　C. 概率算法　　　　D. 回溯算法

2. 在下列算法中有时找不到问题解的是(   )。

  A. 蒙特卡罗算法   B. 拉斯维加斯算法

  C. 舍伍德算法   D. 数值概率算法

3. 在下列算法中得到的解未必正确的是(   )。

  A. 蒙特卡罗算法   B. 拉斯维加斯算法

  C. 舍伍德算法   D. 数值概率算法

4. 总能求得非数值问题的一个解,且所求得的解总是正确的是(   )。

  A. 蒙特卡罗算法   B. 拉斯维加斯算法

  C. 数值概率算法   D. 舍伍德算法

5. 目前可以采用(   )在多项式级时间内求出旅行商问题的一个近似最优解。

  A. 回溯法   B. 蛮力法   C. 近似算法   D. 都不可能

6. 下列叙述错误的是(   )。

  A. 概率算法的期望执行时间是指反复解同一个输入实例所花的平均执行时间

  B. 概率算法的平均期望时间是指所有输入实例上的平均期望执行时间

  C. 概率算法的最坏期望时间是指最坏输入实例上的期望执行时间

  D. 概率算法的期望执行时间是指所有输入实例上所花的平均执行时间

7. 下列叙述错误的是(   )。

  A. 数值概率算法一般是求数值计算问题的近似解

  B. Monte Carlo 算法总能求得问题的一个解,但该解未必正确

  C. Las Vegas 算法一定能求出问题的正确解

  D. Sherwood 算法的主要作用是减少或消除好的和坏的实例之间的差别

8. 近似算法和贪心法有什么不同?

9. 给定能随机生成整数 1～5 的函数 rand5(),写出能随机生成整数 1～7 的函数 rand7()。

1.12.2 练习题参考答案

1. **答**：C。

2. **答**：B。

3. **答**：A。

4. **答**：D。

5. **答**：C。

6. **答**：对概率算法通常讨论平均的期望时间和最坏的期望时间,前者指所有输入实例上平均的期望执行时间,后者指最坏的输入实例上的期望执行时间。答案为 D。

7. **答**：一旦用拉斯维加斯算法找到一个解,那么这个解肯定是正确的,但有时用拉斯维加斯算法可能找不到解。答案为 C。

8. **答**：近似算法不能保证得到最优解。贪心算法不一定是近似算法,如果可以证明决策既不受之前决策的影响,也不影响后续决策,则贪心算法就是确定的最优解算法。

9. **解**：通过 rand5()×5＋rand5()产生 6、7、8、9、…、26、27、28、29、30 这 25 个整数,每个整数 x 出现的概率相等,取前面 3×7＝21 个整数,舍弃后面的 4 个整数,将{6,7,8}转化

成 1,将{9,10,11}转化成 2,依此类推,即有 $y=(x-3)/3$ 为最终结果。对应的程序如下:

```
# include < stdio.h >
# include < stdlib.h >                   //包含产生随机数的库函数
# include < time.h >
int rand5( )                              //产生一个[1,5]的随机数
{    int a=1,b=5;
     return rand( )%(b-a+1)+a;
}
int rand7( )                              //产生一个[1,7]的随机数
{    int x;
     do
     {
         x=rand5( ) * 5+rand5( );
     } while (x>26);
     int y=(x-3)/3;
     return y;
}
void main( )
{    srand((unsigned)time(NULL));         //随机种子
     for (int i=1;i<=20;i++)              //输出 20 个[1,7]的随机数
         printf("%d ",rand7( ));
     printf("\n");
}
```

上述程序的一次执行结果如图 1.59 所示。

图 1.59　程序执行结果

第 2 章

上机实验题及参考答案

2.1 第1章——概论

2.1.1 实验1 统计求最大、最小元素的平均比较次数

编写一个实验程序,随机产生 10 个 1~20 的整数,设计一个高效算法找其中的最大元素和最小元素,并统计元素之间的比较次数。调用该算法执行 10 次并求元素的平均比较次数。

解:采用元素之间直接比较的方法求最大和最小元素,并累计比较次数。对应的完整程序如下:

```
#include <stdio.h>
#include <stdlib.h>              //包含产生随机数的库函数
#include <time.h>
#define MAXN 10
void randa(int a[],int n)        //产生 n 个 1~20 的随机数
{   int i;
    for (i=0;i<n;i++)
        a[i]=rand()%20+1;
}
void MaxMin(int a[],int n,int &comp)    //求最大、最小元素和比较次数
{   int i,max,min;
    comp=0;
    max=min=a[0];
    for (i=1;i<n;i++)
    {   comp++;
        if(a[i]>max)
            max=a[i];            //累计 a[i]>max 的一次比较
        else                     //a[i]<=max
        {   comp++;              //累计 a[i]<min 的一次比较
            if(a[i]<min)
                min=a[i];
        }
    }
    for (i=0;i<n;i++)
        printf("%3d",a[i]);
    printf(" :最大值=%d,最小值=%d,比较次数=%d\n",max,min,comp);
}
void main()
{   int a[MAXN];
    int m,sumcomp=0,comp,count=0;
    srand((unsigned)time(NULL));
    for (m=1;m<=10;m++)
    {   printf("第%2d 组: ",++count);
        randa(a,10);
        MaxMin(a,10,comp);
```

```
        sumcomp+=comp;
    }
    printf("平均比较次数=%g\n",1.0 * sumcomp/10);
}
```

上述程序的一次执行结果如图 2.1 所示。

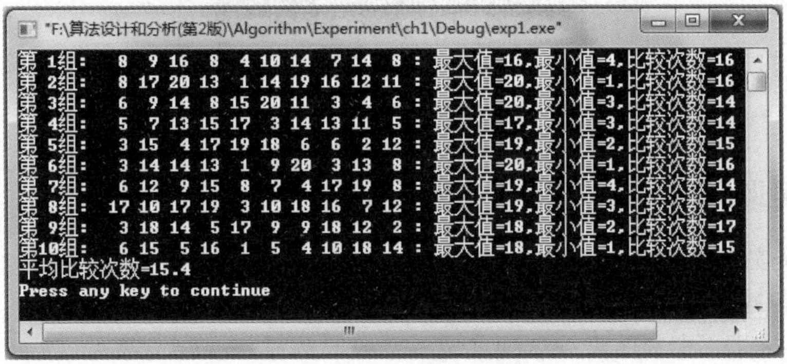

图 2.1 实验程序执行结果

2.1.2 实验 2 求无序序列中第 k 小的元素

编写一个实验程序,利用 priority_queue(优先队列)求出一个无序整数序列中第 k 小的元素。

解:创建一个 priority_queue < int, vector < int >, greater < int >>的小根堆 pq,将数组 a 中的所有元素进队,再连续出队,第 k 个出队的元素即为所求。对应的完整程序如下:

```
#include < stdio.h >
#include < queue >
using namespace std;
int thk(int a[],int n,int k)            //求 a 中第 k 小的元素
{   int i,e;
    priority_queue < int, vector < int >, greater < int >> pq;
    for (i=0;i<n;i++)                   //所有元素进队
        pq.push(a[i]);
    for (i=0;i<k;i++)
    {   e=pq.top();
        pq.pop();
    }
    return e;
}
void main()
{   int a[]={1,2,4,5,3};
    int n=sizeof(a)/sizeof(a[0]);
    printf("实验结果\n");
    for (int k=1;k<=n;k++)
        printf("  第%d 小的元素: %d\n",k,thk(a,n,k));
}
```

上述程序的执行结果如图 2.2 所示。

图 2.2 实验程序执行结果

2.1.3 实验 3 出队第 k 个元素

编写一个实验程序,对于一个含 $n(n>1)$ 个元素的 queue<int>队列容器 qu,出队从队头到队尾的第 $k(1 \leqslant k \leqslant n)$ 个元素,其他队列元素不变。

解:队列容器不能顺序遍历,为此创建一个临时队列 tmpqu,先将 qu 的 $k-1$ 个元素出队并进队到 tmpqu 中,再出队 qu 一次得到第 k 个元素,将 qu 的剩余元素出队并进队到 tmpqu 中,最后将队列 tmpqu 复制到 qu 中。对应的完整程序如下:

```cpp
#include <stdio.h>
#include <queue>
using namespace std;
int solve(queue<int> &qu,int k)            //出队第 k 个元素
{   queue<int> tmpqu;
    int e;
    for (int i=0;i<k-1;i++)                //出队 qu 的 k-1 个元素并进 tmpqu 队
    {   tmpqu.push(qu.front());
        qu.pop();
    }
    e=qu.front();                          //出队 qu 的第 k 个元素
    qu.pop();
    while (!qu.empty())                    //将 qu 的剩余元素出队并进 tmpqu 队
    {   tmpqu.push(qu.front());
        qu.pop();
    }
    qu=tmpqu;                              //将 tmpqu 复制给 qu
    return e;
}
void disp(queue<int> &qu)                  //出队 qu 的所有元素
{   while (!qu.empty())
    {   printf("%d ",qu.front());
        qu.pop();
    }
    printf("\n");
}
void main()
{   printf("实验结果\n");
```

```
        queue < int > qu;
        qu. push(1);
        qu. push(2);
        qu. push(3);
        qu. push(4);
        printf(" 元素 1,2,3,4 依次进队 qu\n");
        int k＝3;
        int e＝solve(qu, k);
        printf(" 出队第%d 个元素是: %d\n", k, e);
        printf(" qu 中其余元素出队顺序: ");
        disp(qu);
    }
```

上述程序的执行结果如图 2.3 所示。

图 2.3　实验程序执行结果

2.1.4　实验 4　设计一种好的数据结构 Ⅰ

编写一个实验程序,设计一种好的数据结构,尽可能高效地实现元素的插入、删除、按值查找和按序号查找(假设所有元素值不相同)。

解:数组的插入和删除的时间复杂度为 $O(n)$,按序号查找的时间复杂度为 $O(1)$,而 map 按键值查找的时间复杂度为 $O(\log_2 n)$(如果采用哈希表,其按键值查找的时间复杂度为 $O(1)$,性能更优,对于 C++11 编程环境,可以用 unordered_map 哈希表替代 map 容器)。所以将两者结合起来,不妨假设元素为 string 类型,对应的数据结构、算法和测试数据如下:

```
# include < iostream >
# include < string >
# include < vector >
# include < map >
using namespace std;
struct DataStruct                          //定义的数据结构
{   vector < string > data;                //用向量存放元素
    map < string, int > ht;                //用 map 存放元素的下标
};
void Insert(DataStruct &ds, string str)    //插入元素 str
{   ds. data. push_back(str);
    int i＝ds. data. size()－1;            //获取最后元素的下标
    ds. ht[str]＝i;
}
```

```
bool Searchi(DataStruct ds,int i,string &str)        //查找下标为 i 的元素 str
{    if(i<0 || i>=ds.data.size())
         return false;
     str=ds.data[i];
     return true;
}
int Searchs(DataStruct ds,string &str)               //查找值为 str 的元素的下标
{    map<string,int>::iterator it;
     it=ds.ht.find(str);
     if (it!=ds.ht.end())
         return it->second;
     else
         return -1;
}
bool Delete(DataStruct &ds,string str)               //删除元素 str
{    int i=Searchs(ds,str);                          //查找元素 str 的下标
     if(i==-1) return false;                         //没有 str 元素返回 false
     int j=ds.data.size()-1;                         //求尾元素的下标
     ds.data[i]=ds.data[j];                          //i 下标元素用尾元素替代
     ds.ht[ds.data[j]]=i;                            //修改哈希表中原来尾元素的下标
     ds.data.pop_back();                             //从 data 中删除尾元素
}
void Display(DataStruct ds)                          //输出所有元素
{    vector<string>::iterator it;
     for (it=ds.data.begin();it!=ds.data.end();it++)
         cout << *it << " ";
     cout << endl;
}
void main()
{    DataStruct ds;
     string str;
     cout << "实验结果" << endl;
     Insert(ds,"Mary");
     Insert(ds,"Smitch");
     Insert(ds,"John");
     Insert(ds,"Anany");
     cout << " " << "依次插入 Mary,Smitch,John,Anany" << endl;
     cout << " 元素表: "; Display(ds);
     str="John";
     cout << " " << str << "的下标:" << Searchs(ds,str) << endl;
     cout << " 删除" << str << endl;
     Delete(ds,str);
     cout << " 删除后的元素表: "; Display(ds);
}
```

上述程序的执行结果如图 2.4 所示。

说明：在上述程序中，元素的插入、删除和按值查找运算的时间复杂度为 $O(\log_2 n)$，而按序号查找运算的时间复杂度为 $O(1)$。若将 map 改为 unordered_map 哈希表，所有运算的时间复杂度均为 $O(1)$。

图 2.4　实验程序执行结果

2.1.5　实验 5　设计一种好的数据结构 Ⅱ

编写一个实验程序,设计一种好的数据结构,尽可能高效地实现以下功能:

(1) 插入若干个整数序列。

(2) 获得该序列的中位数(中位数指排序后位于中间位置的元素,例如 $\{1,2,3\}$ 的中位数为 2,而 $\{1,2,3,4\}$ 的中位数为 2 或者 3),并估计时间复杂度。

解:若直接采用无序数组存储,在插入一个整数时,在 $O(1)$ 时间内将该整数插入到数组的最后,但获取中位数时至少需要 $O(n)$ 时间找到中位数。

若采用有序数组存储,在插入一个整数时可以使用二分查找在 $O(\log_2 n)$ 时间内找到要插入的位置,在 $O(n)$ 时间内移动元素并将新整数插入到合适的位置。在获取中位数时,在 $O(1)$ 时间内找到中位数。

一种有效的方法是使用大根堆和小根堆存储,采用大根堆存储较小的一半整数,采用小根堆存储较大的一半整数。在插入一个整数时,在 $O(\log_2 n)$ 时间内将该整数插入到对应的堆当中,并适当移动根结点以保持两个堆的元素个数相等或者相差 1。在获取中位数时,可以在 $O(1)$ 时间内完成。这样两种操作的时间复杂度分别为 $O(\log_2 n)$ 和 $O(1)$。对应的完整程序如下:

```cpp
#include <stdio.h>
#include <queue>
using namespace std;
priority_queue<int, vector<int>, greater<int>> A;    //小根堆
priority_queue<int> B;                               //大根堆
void Insert(int x)                                   //插入整数 x
{   if (A.size()==0)                                 //A 为空,直接插入 x
        A.push(x);
    else if (x > A.top())                            //x 大于 A 堆顶元素,插入到 A 中
    {   A.push(x);
        if (A.size() > B.size())                     //若 A 中元素多于 B,将堆顶元素移动到 B 中
        {   int e=A.top();
            A.pop();
            B.push(e);
        }
    }
    else                                             //x 不大于 A 堆顶元素,插入到 B 中
    {   B.push(x);
```

```
        if (B.size()>A.size())          //若B中元素多于A,将堆顶元素移动到A中
        {   int e=B.top();
            B.pop();
            A.push(e);
        }
    }
}
int Middle()                            //求中位数
{   if (A.size()>B.size())
        return A.top();
    else
        return B.top();
}
void main()
{   printf("求解结果\n");
    printf(" 插入2,6,1\n");
    Insert(2);
    Insert(6);
    Insert(1);
    printf(" 中位数=%d\n",Middle());
    printf(" 插入3,4\n");
    Insert(3);
    Insert(4);
    printf(" 中位数=%d\n",Middle());
    printf(" 插入5,7\n");
    Insert(5);
    Insert(7);
    printf(" 中位数=%d\n",Middle());
}
```

上述程序的执行结果如图 2.5 所示。

图 2.5　实验程序执行结果

2.2　第2章——递归算法设计技术 ✳

2.2.1　实验1　逆置单链表

对于不带头结点的单链表 L,设计一个递归算法逆置所有结点。编写完整的实验程序,并采用相应数据进行测试。

解：设 $f(L)$ 返回单链表 L 逆置后的首结点指针，为"大问题"，则 $f(L->\text{next})$ 返回逆置后的首结点指针 p，为"小问题"，当小问题解决后，大问题的求解只需要将原首结点（L 指向它）链接到 $L->\text{next}$ 结点的末尾就可以了。其递归模型如下：

$$f(L) \equiv \text{返回 } L \qquad\qquad\qquad\qquad\qquad\qquad \text{当 } L=\text{NULL 或者只有一个结点时}$$
$$f(L) \equiv f(L->\text{next}); \text{将 } L \text{ 结点链接到 } L->\text{next 的后面} \qquad \text{其他情况}$$

对应的递归算法为 Reverse(L)。完整的实验程序如下：

```
#include "LinkList.cpp"                    //包含单链表的基本运算算法
LinkNode * Reverse(LinkNode * L)           //逆置不带头结点的单链表 L
{    LinkNode * p;
     if (L==NULL || L->next==NULL)
         return L;
     p=Reverse(L->next);
     L->next->next=L;                      //将 L 结点链接到 L->next 结点的后面
     L->next=NULL;                         //将 L 结点作为整个逆置后的尾结点
     return p;
}
void main()                                //调试主函数
{    ElemType a[]={1,2,3,4,5,6};
     int n=sizeof(a)/sizeof(a[0]);
     LinkNode * L;
     CreateList(L,a,n);
     printf("实验结果:\n");
     printf(" 逆置前 L: "); DispList(L);
     printf(" 执行 L=Reverse(L)\n");
     L=Reverse(L);
     printf(" 逆置后 L: "); DispList(L);
     printf(" 销毁 L\n");
     DestroyList(L);                       //销毁单链表
}
```

上述程序的执行结果如图 2.6 所示。

图 2.6 实验程序执行结果

2.2.2 实验 2 判断两棵二叉树是否同构

假设二叉树采用二叉链存储结构存放，设计一个递归算法判断两棵二叉树 bt1 和 bt2 是否同构。编写完整的实验程序，并采用相应数据进行测试。

解：设 $f(bt1, bt2)$ 返回两棵二叉树 bt1 和 bt2 是否同构，其递归模型如下。

$f(bt1, bt2) = \text{true}$ 当 $bt1 = \text{NULL}$ 且 $bt2 = \text{NULL}$ 时
$f(bt1, bt2) = \text{false}$ 当 $bt1 = \text{NULL}$ 且 $bt2 \neq \text{NULL}$ 或者 $bt1 \neq \text{NULL}$ 且 $bt2 = \text{NULL}$ 时
$f(bt1, bt2) = f(bt1 \to \text{lchild}, bt2 \to \text{lchild})$ 其他情况
      $\& f(bt1 \to \text{rchild}, bt2 \to \text{rchild})$

对应的递归算法为 Isomorphism(bt1, bt2)。完整的实验程序如下：

```cpp
#include "btree.cpp"                              //包含二叉树的基本运算算法
bool Isomorphism(BTNode *bt1, BTNode *bt2)     //判断 bt1 和 bt2 是否同构
{    if (bt1==NULL && bt2==NULL)
         return true;
     if ((bt1==NULL && bt2!=NULL) || (bt1!=NULL && bt2==NULL))
         return false;
     bool lsm=Isomorphism(bt1->lchild, bt2->lchild);
     bool rsm=Isomorphism(bt1->rchild, bt2->rchild);
     return lsm & rsm;
}
void main()
{    BTNode *bt1, *bt2, *bt3;
     ElemType a[]={5,2,3,4,1,6};
     ElemType b[]={2,3,5,1,4,6};
     int n=sizeof(a)/sizeof(a[0]);
     bt1=CreateBTree(a,b,n);
     ElemType c[]={2,5,1,4,3,6};
     ElemType d[]={5,1,2,3,4,6};
     int m=sizeof(c)/sizeof(c[0]);
     bt2=CreateBTree(c,d,m);
     ElemType e[]={4,1,2,6,3,5};
     ElemType f[]={2,1,4,3,6,5};
     int k=sizeof(e)/sizeof(e[0]);
     bt3=CreateBTree(e,f,k);
     printf("实验结果:\n");
     printf(" 二叉树 bt1:"); DispBTree(bt1); printf("\n");
     printf(" 二叉树 bt2:"); DispBTree(bt2); printf("\n");
     printf(" 二叉树 bt3:"); DispBTree(bt3); printf("\n");
     printf(" bt1 和 bt2%s\n",(Isomorphism(bt1,bt2)?"同构":"不同构"));
     printf(" bt1 和 bt3%s\n",(Isomorphism(bt1,bt3)?"同构":"不同构"));
     printf(" 销毁树 bt1\n");
     DestroyBTree(bt1);
     printf(" 销毁树 bt2\n");
     DestroyBTree(bt2);
     printf(" 销毁树 bt3\n");
     DestroyBTree(bt3);
}
```

上述程序的执行结果如图 2.7 所示。

图 2.7 实验程序执行结果

2.2.3 实验 3 求二叉树中最大和的路径

假设二叉树中的所有结点值为 int 类型,采用二叉链存储。设计递归算法求二叉树 bt 中从根结点到叶子结点路径和最大的一条路径。例如,对于如图 2.8 所示的二叉树,路径和最大的一条路径是 5→4→6,路径和为 15。编写完整的实验程序,并采用相应数据进行测试。

解:对于二叉链 bt,用全局变量 maxsum 存放最大路径和(初始为 0),用全局变量 maxpath(即 vector < int >向量)存放最大路径。设计 Findmaxpath(bt,apath,asum)函数是查找一条从 bt 结点到某叶子结点的路径 apath,其路径和为 asum,通过比较路径和得到(maxpath,maxsum)。完整的实验程序如下:

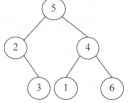

图 2.8 一棵二叉树

```
#include "btree.cpp"                              //包含二叉树的基本运算算法
int maxsum=0;                                     //全局变量:存放最大路径和
vector < int > maxpath;                           //全局变量:存放最大路径
void Findmaxpath(BTNode * bt, vector < int > apath, int asum)
//求从根结点到叶子结点的路径和最大的路径
{   if (bt==NULL)                                 //空树直接返回
        return;
    apath. push_back(bt -> data);                //bt 结点加入 apath
    asum+=bt -> data;                            //累计路径和
    if (bt -> lchild==NULL && bt -> rchild==NULL)     //bt 结点为叶子结点
    {   if (asum > maxsum)
        {   maxsum=asum;
            maxpath. clear( );
            maxpath=apath;
        }
    }
    Findmaxpath(bt -> lchild, apath, asum);       //在左子树中查找
    Findmaxpath(bt -> rchild, apath, asum);       //在右子树中查找
}
void main( )
{   BTNode * bt;
    ElemType a[]={5,2,3,4,1,6};
```

```
    ElemType b[]={2,3,5,1,4,6};
    int n=sizeof(a)/sizeof(a[0]);
    bt=CreateBTree(a,b,n);
    printf("实验结果:\n");
    printf(" 二叉树 bt:"); DispBTree(bt); printf("\n");
    printf(" 最大路径");
    vector<int> apath;
    int asum=0;
    Findmaxpath(bt,apath,asum);
    printf(" 路径和: %d, 路径: ",maxsum);
    for (int i=0;i<maxpath.size();i++)
        printf("%d ",maxpath[i]);
    printf("\n");
    printf(" 销毁树 bt\n");
    DestroyBTree(bt);
}
```

上述程序的执行结果如图 2.9 所示。

图 2.9　实验程序执行结果

2.2.4　实验 4　输出表达式树等价的中缀表达式

请设计一个算法,将给定的表达式树(二叉树)转换为等价的中缀表达式(通过括号反映操作符的计算次序)并输出,假设表达式树中结点值为单个字符。例如,图 2.10 所示为两棵表达式树对应等价的中缀表达式。

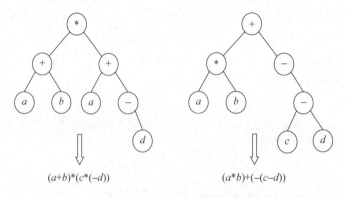

$(a+b)*(c*(-d))$　　　　　$(a*b)+(-(c-d))$

图 2.10　两棵表达式树对应等价的中缀表达式

解：当二叉链 bt 只有两层时,输出结果形如"$a * b$",不包含括号;当二叉链 bt 有两层以上时,输出结果形如"$(a+b) * (c-d)$",其中左、右子树的表达式包含括号。也就是说,用 bt 指向处理的结点,若为第 1 层(对应根结点)不加括号,其他层需要加括号。采用先序遍历递归思路对应的完整实验程序如下：

```cpp
#include "BTree1.cpp"                                  //二叉树基本运算算法,结点值为 char
void Trans(BTNode * bt, int l)                         //输出 bt 等价的中缀表达式
{   if (bt==NULL) return;
    else if (bt -> lchild==NULL && bt -> rchild==NULL)      //叶子结点
        printf("%c", bt -> data);
    else
    {   if (l>1) printf("(");                          //有子表达式加一层括号
        Trans(bt -> lchild, l+1);                      //处理左子树
        printf("%c", bt -> data);                      //输出操作符
        Trans(bt -> rchild, l+1);                      //处理右子树
        if (l>1) printf(")");                          //有子表达式加一层括号
    }
}

void BTreeToExp(BTNode * bt)                            //输出二叉树 bt 等价的中缀表达式
{   Trans(bt, 1);
    printf("\n");
}

void main()
{   BTNode * bt1, * bt2;
    ElemType a[]=" * +ab * c−d";
    ElemType b[]="a+b * c * −d";
    int n=8;
    bt1=CreateBTree(a, b, n);
    ElemType c[]="+ * ab−−cd";
    ElemType d[]="a * b+−c−d";
    int m=8;
    bt2=CreateBTree(c, d, m);
    printf("实验结果:\n");
    printf(" 二叉树 bt1:"); DispBTree(bt1); printf("\n");
    printf(" bt1 的中缀表达式:");BTreeToExp(bt1);
    printf(" 二叉树 bt2:"); DispBTree(bt2); printf("\n");
    printf(" bt2 的中缀表达式:");BTreeToExp(bt2);
    printf(" 销毁树 bt1\n");
    DestroyBTree(bt1);
    printf(" 销毁树 bt2\n");
    DestroyBTree(bt2);
}
```

上述程序的执行结果如图 2.11 所示。

图 2.11 实验程序执行结果

2.2.5 实验 5 求两个正整数 x、y 的最大公约数

设计一个递归算法求两个正整数 x、y 的最大公约数(gcd),并转换为非递归算法。

解：采用辗转相除法求两个正整数 x、y 的最大公约数的过程如下。

① $x\%y$ 得余数 z。

② 若 $z=0$,则 y 即为两数的最大公约数。

③ 若 $z\neq0$,则 $x=y$,$y=z$,再回去执行①。

采用递归算法时属于尾递归,可以采用循环语句直接转换为非递归算法。完整的实验程序如下：

```c
#include <stdio.h>
int gcd1(int x, int y)                    //递归算法
{    if(y==0)
         return x;
     return gcd1(y, x%y);
}
int gcd2(int x, int y)                     //非递归算法
{    int z;
     while(y!=0)                            //余数不为 0,继续相除,直到余数为 0
     {   z=x%y;
         x=y;
         y=z;
     }
     return x;
}
void main()
{    printf("实验结果:\n");
     int x=5, y=12;
     printf(" gcd1(%d,%d) = %d\n", x, y, gcd1(x,y));
     printf(" gcd2(%d,%d) = %d\n", x, y, gcd2(x,y));
     x=24; y=18;
     printf(" gcd1(%d,%d) = %d\n", x, y, gcd1(x,y));
     printf(" gcd2(%d,%d) = %d\n", x, y, gcd2(x,y));
}
```

上述程序的执行结果如图 2.12 所示。

图 2.12 实验程序执行结果

2.3 第3章——分治法

2.3.1 实验 1 求解查找假币问题

编写一个实验程序查找假币问题。有 $n(n>3)$ 个硬币,其中有一个假币,且假币较轻,采用天平称重方式找到这个假币,并给出操作步骤。

解：假设 n 个硬币编号为 $0 \sim n-1$,采用数组 a 存放所有硬币的重量,不妨假设真币重量为 2、假币重量为 1,假币采用随机方式产生。采用二分法实现查找算法,对应的完整程序如下：

```
#include <stdio.h>
#include <stdlib.h>              //包含产生随机数的库函数
#include <time.h>
#define MAX 100
//问题表示
int a[MAX];
int n;
int SUM(int low,int high)        //求 a[low..high]的重量
{   int sum=0;
    for (int i=low;i<=high;i++)
        sum+=a[i];
    return sum;
}
int solve(int low,int high)      //假定假币较真币轻
{   if (low==high)               //只有一个硬币
        return low;
    if (low==high-1)             //只有两个硬币
    {   if (a[low]<a[high])
            return low;
        else
            return high;
    }
    int mid=(low+high)/2;
    int sum1,sum2;
    if ((high-low+1)%2==0)       //区间内硬币个数为偶数
```

```
    {   sum1=SUM(low, mid);
        sum2=SUM(mid+1,high);
        printf("硬币%d-%d 和硬币%d-%d 称重一次：",low,mid,mid+1,high);
    }
    else                                    //区间内硬币个数为奇数
    {   sum1=SUM(low,mid-1);
        sum2=SUM(mid+1,high);
        printf("硬币%d-%d 和硬币%d-%d 称重一次：",low,mid-1,mid+1,high);
    }
    if (sum1==sum2)
    {   printf("两者重量相同\n");
        return mid;
    }
    else if(sum1<sum2)                      //假币在左区间
    {   printf("前者重量轻\n");
        if ((high-low+1)%2==0)              //区间内硬币个数为偶数
            return solve(low,mid);
        else                                //区间内硬币个数为奇数
            return solve(low,mid-1);
    }
    else                                    //假币在右区间
    {   printf("后者重量轻\n");
        return solve(mid+1,high);
    }
}
void main()
{   int n=12;
    for (int i=0;i<n;i++)
        a[i]=2;                             //设置硬币重量
    srand((unsigned)time(NULL));
    a[rand()%n]=1;                          //随机设置一个假币重量为1
    printf("求解过程\n");
    printf("硬币%d 是假币\n",solve(0,n-1));
}
```

上述程序的一次执行结果如图 2.13 所示。

图 2.13　程序的一次执行结果

本实验题也可以采用三分法求解，对于 100 个硬币，其中恰好有一个比真币重量轻的假币，对应的实验程序如下：

```
#include <stdio.h>
#include <stdlib.h>                //包含产生随机数的库函数
#include <time.h>
#define MAX 102
//问题表示
int a[MAX];
int n;
int SUM(int low,int high)         //求 a[low..high]的重量
{   int sum=0;
    for (int i=low;i<=high;i++)
        sum+=a[i];
    return sum;
}

int solve(int low,int high)       //假定伪币较真币轻
{   int sum1,sum2;
    if (low==high)                //只有一个硬币
        return low;
    if (low==high-1)              //只有两个硬币
    {   printf(" 硬币%d 和硬币%d 称重一次： ",low,high);
        if (a[low]<a[high])
        {   printf("硬币%d 重量轻\n",low);
            return low;
        }
        else
        {   printf("硬币%d 重量轻\n",high);
            return high;
        }
    }
    else if (low==high-2)         //只有 3 个硬币
    {   printf(" 硬币%d 和硬币%d 称重一次： ",low,low+1);
        sum1=a[low];
        sum2=a[low+1];
        if (sum1<=sum2)
        {   printf("硬币%d 重量轻\n",low);
            return low;
        }
        else if (sum1>sum2)
        {   printf("硬币%d 重量轻\n",low+1);
            return low+1;
        }
        else
        {   printf("二者重量相同\n");
            return low+2;
        }
    }
    int len=(high-low+1)/3;        //每个区间的长度
    int mid1=low+len-1;           //区间 1:a[low..mid1]
    int mid2=mid1+len;           //区间 2:a[mid1+1,mid2],区间 3:a[mid2+1..high]
    sum1=SUM(low,mid1);
```

```
            sum2＝SUM(mid1＋1,mid2);
            printf(" 硬币%d－%d 和硬币%d－%d 称重一次：",low,mid1,mid1＋1,mid2);
            if (sum1＝＝sum2)
            {    printf("二者重量相同\n");
                 return solve(mid2＋1,high);                //假币在区间 3
            }
            else if (sum1＜sum2)                            //假币在区间 1
            {    printf("前者重量轻\n");
                 return solve(low,mid1);
            }
            else                                           //假币在区间 2
            {    printf("后者重量轻\n");
                 return solve(mid1＋1,mid2);
            }
    }
    void main()
    {    int n＝100;
         for (int i＝0;i＜n;i＋＋)
             a[i]＝2;                                       //设置硬币重量
         srand((unsigned)time(NULL));
         a[rand()%n]＝1;                                   //随机设置一个假币重量为 1
         printf("求解过程\n");
         printf(" 硬币%d 是假币\n",solve(0,n－1));
    }
```

说明：对于 n 个硬币，其中恰好有一个假币，如果不知道真币和假币哪个重，也可以采用上述方法求解，但需要判断假币是比真币重量轻还是重，天平称重的次数会增加。

2.3.2　实验 2　求解众数问题

给定一个整数序列，每个元素出现的次数称为重数，重数最大的元素称为众数。编写一个实验程序对递增有序序列 a 求众数。例如 S＝{1,2,2,2,3,5}，多重集 S 的众数是 2，其重数为 3。

解：求众数的方法有多种，这里采用分治法求众数。

用全局变量 num 和 maxcnt 分别存放 a 的众数和重数(maxcnt 的初始值为 0)。对于至少含有一个元素的序列 $a[low..high]$，以中间位置 mid 为界限，求出 $a[mid]$ 元素的重数 cnt，即 $a[left..right]$ 均为 $a[mid]$，cnt＝right－left＋1，若 cnt 大于 maxcnt，置 num＝$a[mid]$,maxcnt＝cnt。然后对左序列 $a[low..left-1]$ 和右序列 $a[right+1..high]$ 递归求解众数，如图 2.14 所示。

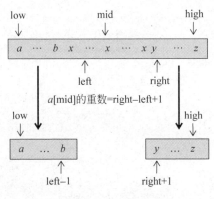

图 2.14　求众数的过程

对应的完整程序如下：

```
#include <stdio.h>
//求解结果表示
int num;                                          //全局变量,存放众数
int maxcnt=0;                                     //全局变量,存放重数
void split(int a[],int low,int high,int &mid,int &left,int &right)
//以 a[low..high]中间的元素为界限,确定为等于 a[mid]元素的左、右位置 left 和 right
{    mid=(low+high)/2;
     for(left=low;left<=high;left++)
         if (a[left]==a[mid])
             break;
     for (right=left+1;right<=high;right++)
         if (a[right]!=a[mid])
             break;
     right--;
}

void Getmaxcnt(int a[],int low,int high)          //求众数
{    if (low<=high)                               //a[low..high]序列中至少有 1 个元素
     {    int mid,left,right;
          split(a,low,high,mid,left,right);
          int cnt=right-left+1;                   //求出 a[mid]元素的重数
          if (cnt>maxcnt)                         //找到更大的重数
          {    num=a[mid];
               maxcnt=cnt;
          }
          Getmaxcnt(a,low,left-1);                //左序列递归处理
          Getmaxcnt(a,right+1,high);              //右序列递归处理
     }
}
void main()
{    int a[]={1,2,2,2,3,3,5,6,6,6,6};
     int n=sizeof(a)/sizeof(a[0]);
     printf("求解结果\n");
     printf(" 递增序列: ");
     for (int i=0;i<n;i++)
         printf("%d ",a[i]);
     printf("\n");
     Getmaxcnt(a,0,n-1);
     printf(" 众数: %d, 重数: %d\n",num,maxcnt);
}
```

上述程序的执行结果如图 2.15 所示。

图 2.15　实验程序执行结果

2.3.3　实验3　求解逆序数问题

给定一个整数数组 $A=(a_0,a_1,\cdots,a_{n-1})$，若 $i<j$ 且 $a_i>a_j$，则 $<a_i,a_j>$ 就为一个逆序对。例如数组 $(3,1,4,5,2)$ 的逆序对有 $<3,1>$、$<3,2>$、$<4,2>$、$<5,2>$。编写一个实验程序采用分治法求 A 中逆序对的个数，即逆序数。

解：二路归并排序是一种典型的分治算法，它将序列 $a[low..high]$ 分成两半，即 $a[low..mid]$ 和 $a[mid+1..high]$，再对两半分别进行二路归并排序，然后将这两半合并起来。在合并的过程中（设 $low\leqslant i\leqslant mid,mid+1\leqslant j\leqslant high$），当 $a[i]\leqslant a[j]$ 时并不产生逆序对；但当 $a[i]>a[j]$ 时，在前半部分中比 $a[i]$ 大的元素都比 $a[j]$ 大，对应的逆序数为 $mid-i+1$，即逆序对为 $(a[i],a[j])$、$\cdots$、$(a[mid],a[j])$。

因此，可以在二路归并排序的合并过程中计算逆序数，这是一种较为高效的算法，算法的时间复杂度为 $O(n\log_2 n)$。

对应的完整程序如下：

```
#include <stdio.h>
#include <malloc.h>
int ans;                                    //全局变量,累计逆序数
void Merge(int a[],int low,int mid,int high)    //两个相邻有序段归并
{   int i=low;
    int j=mid+1;
    int k=0;
    int * tmp=(int * )malloc((high-low+1) * sizeof(int));
    while(i<=mid && j<=high)                 //二路归并:a[low..mid]、a[mid+1..high]=>tmp
    {   if(a[i]>a[j])
        {   tmp[k++]=a[j++];
            ans+=mid-i+1;
        }
        else tmp[k++]=a[i++];
    }
    while(i<=mid) tmp[k++]=a[i++];
    while(j<=high) tmp[k++]=a[j++];
    for(int k1=0;k1<k;k1++)                  //tmp[0..k-1]=>a[low..high]
        a[low+k1]=tmp[k1];
    free(tmp);
}
void MergeSort(int a[],int low,int high)     //递归二路归并排序
{   if(low<high)
    {   int mid=(low+high)/2;
        MergeSort(a,low,mid);
        MergeSort(a,mid+1,high);
        Merge(a,low,mid,high);
    }
}
void Inversion(int a[],int n)                //用二路归并法求逆序数
{   ans=0;
    MergeSort(a,0,n-1);
```

```
    }
    void main( )
    {    int a[]={3,1,4,5,2};
         int n=sizeof(a)/sizeof(a[0]);
         printf("求解结果\n");
         printf(" 序列: ");
         for (int i=0;i<n;i++)
             printf("%d ",a[i]);
         printf("\n");
         Inversion(a,n);
         printf(" 逆序数: %d\n",ans);
    }
```

上述程序的执行结果如图 2.16 所示。

图 2.16　实验程序执行结果

2.3.4　实验 4　求解半数集问题

给定一个自然数 n，由 n 开始可以依次产生半数集 $set(n)$ 中的数如下：

(1) $n \in set(n)$。

(2) 在 n 的左边加上一个自然数，但该自然数不能超过最近添加的数的一半。

(3) 按此规则进行处理，直到不能再添加自然数为止。

例如，$set(6)=\{6,16,26,126,36,136\}$，半数集 $set(6)$ 中有 6 个元素。编写一个实验程序求给定 n 时对应半数集中元素的个数。

解：设 $f(n)$ 为 $set(n)$ 的元素个数。有：

$set(1)=\{1\}$，即 $f(1)=1$

$set(2)=\{2,12\}$，即 $f(2)=1+f(1)=2$

$set(3)=\{3,13\}$，即 $f(3)=1+f(1)=2$

$set(4)=\{4,14,24,124\}$，即 $f(4)=1+f(1)+f(2)=4$

$set(5)=\{5,15,25,125\}$，即 $f(5)=1+f(1)+f(2)=4$

$set(6)=\{6,16,26,36,126,136\}$，即 $f(6)=1+f(1)+f(2)+f(3)=6$

可以推出 $f(1)=1$，$f(n)=1+\sum_{i=1}^{n/2}f(i)$。也就是说，将原问题 $f(n)$ 分解为 $n/2$ 个子问题来求解。对应的完整程序如下：

```
#include <stdio.h>
#define MAXN 201
```

```
int fset(int n)                //求 set(n)的元素个数
{    int ans=1;
     if(n>1)
         for(int i=1;i<=n/2;i++)
             ans+=fset(i);
     return ans;
}
void main()
{    int n=6;
     printf("求解结果\n");
     printf(" n=%d 时半数集元素个数=%d\n",n,fset(n));
}
```

上述程序的执行结果如图 2.17 所示。

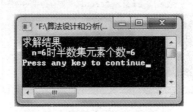

图 2.17　实验程序执行结果

2.3.5　实验 5　求解一个整数数组划分为两个子数组问题

已知由 $n(n \geqslant 2)$ 个正整数构成的集合 $A=\{a_k\}(0 \leqslant k<n)$，将其划分为两个不相交的子集 A_1 和 A_2，元素个数分别是 n_1 和 n_2，A_1 和 A_2 中的元素之和分别为 S_1 和 S_2。设计一个尽可能高效的划分算法，满足 $|n_1-n_2|$ 最小且 $|S_1-S_2|$ 最大，算法返回 $|S_1-S_2|$ 的结果。

解：将 A 中最小的 $\lfloor n/2 \rfloor$ 个元素放在 A_1 中，其他元素放在 A_2 中，即得到题目要求的结果。采用递归快速排序思路，查找第 $n/2$ 小的元素，前半部分为 A_1 的元素，后半部分为 A_2 的元素，这样算法的时间复杂度为 $O(n)$。如果将 A 中元素全部排序，再进行划分，时间复杂度为 $O(n\log_2 n)$，不如前面的方法。

对应的完整程序及其测试数据如下：

```
#include <stdio.h>
int Partition(int a[],int low,int high)        //以 a[low]为基准划分
{    int i=low,j=high;
     int povit=a[low];
     while (i<j)
     {    while (i<j && a[j]>=povit)
              j--;
          a[i]=a[j];
          while (i<j && a[i]<=povit)
              i++;
```

```
            a[j]=a[i];
        }
        a[i]=povit;
        return i;
    }

int Solve(int a[], int n)                    //求解算法
{   int low=0, high=n-1;
    bool flag=true;
    while (flag)
    {   int i=Partition(a, low, high);
        if (i==n/2-1)                        //基准 a[i]为第 n/2 小的元素
            flag=false;
        else if (i<n/2-1)                    //在右区间查找
            low=i+1;
        else
            high=i-1;                        //在左区间查找
    }
    int s1=0, s2=0;
    for (int i=0; i<n/2; i++)                //求前半部分元素和 s1
        s1+=a[i];
    for (int j=n/2; j<n; j++)                //求和半部分元素和 s2
        s2+=a[j];
    return s2-s1;
}

void display(int a[], int low, int high)     //输出 a[low..high]
{   for (int i=low; i<=high; i++)
        printf("%3d", a[i]);
    printf("\n");
}

void main()
{   printf("实验结果:\n");
    //第 1 个测试数据
    int a[]={1,3,5,7,9,2,4,6,8};
    int n=sizeof(a)/sizeof(a[0]);
    printf(" 初始序列 A:"); display(a,0,n-1);
    printf(" 求解结果 %d\n", Solve(a,n));
    printf(" 划分结果 A1:"); display(a,0,n/2-1);
    printf("\t A2:"); display(a,n/2,n-1);
    //第 2 个测试数据
    int b[]={1,3,5,7,9,10,2,4,6,8};
    int m=sizeof(b)/sizeof(b[0]);
    printf(" 初始序列 B:"); display(b,0,m-1);
    printf(" 求解结果 %d\n", Solve(b,m));
    printf(" 划分结果 B1:"); display(b,0,m/2-1);
```

```
        printf("\t B2:"); display(b,m/2,m−1);
}
```

上述程序的执行结果如图 2.18 所示。

图 2.18　实验程序执行结果

2.4　第4章——蛮力法

2.4.1　实验 1　求解 $\lfloor\sqrt{n}\rfloor$ 问题

编写一个实验程序计算 $\lfloor\sqrt{n}\rfloor$（$\sqrt{n}$ 的下界，例如 $\lfloor 2.8\rfloor=2$），其中 n 是任意正整数，要求除了赋值和比较运算，该算法只能用到基本的四则运算，并输出 1～20 的求解结果。

解：设 $m*m=n$，m 从 1 开始枚举，当 $m*m\leqslant n$ 时 $m++$ 继续循环，否则退出循环返回 $m-1$。对应的完整程序如下：

```c
#include <stdio.h>
int SQRT(int n)
{   int m=1;
    while (m*m<=n)                      //枚举 m
        m++;
    return m−1;
}
void main( )
{   printf("求解结果:\n");
    for (int n=1;n<=20;n++)
    {   printf("\tSQRT(%d)=%d",n,SQRT(n));
        if (n%2==0) printf("\n");
    }
}
```

上述程序的执行结果如图 2.19 所示。

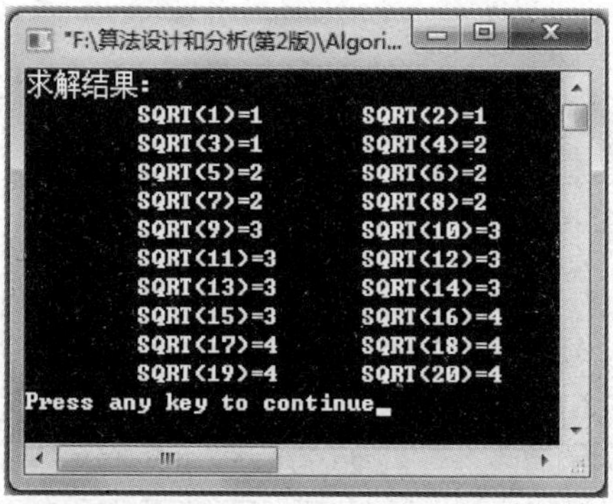

图 2.19　实验程序执行结果

2.4.2　实验 2　求解钱币兑换问题

某个国家仅有 1 分、2 分和 5 分硬币，将钱 $n(n{\geqslant}5)$ 兑换成硬币有很多种兑法。编写一个实验程序计算出 10 分钱有多少种兑法，并列出每种兑换方式。

解：设钱 n 兑换成 1 分、2 分、5 分的个数分别为 x、y、z，得到一个等式 $n=1{\times}x+2{\times}y+5{\times}z$。在一次兑换中最多有 $z=n/5$（取整）个 5 分钱币，在余下的钱的兑换中最多有 $y=(n-5z)/2$（取整）个 2 分钱币，再把余下的钱兑换成 x 个 1 分钱币。采用蛮力法求解的完整程序如下：

```
#include <stdio.h>
void solve(int n)
{   int x,y,z;
    int count=0;
    for (z=0;z<=n/5;z++)
        for (y=0;y<=(n-z*5)/2;y++)
            if (5*z+2*y<=n)
            {   x=n-5*z-2*y;
                printf(" 兑法%d: ",++count);
                if (z!=0) printf("5 分硬币%d个 ",z);
                if (y!=0) printf("2 分硬币%d个 ",y);
                if (x!=0) printf("1 分硬币%d个",x);
                printf("\n");
            }
    printf(" 共有%d种兑法\n",count);
}
void main()
{   int n=10;
    printf("求解结果\n");
    solve(n);
}
```

上述程序的执行结果如图 2.20 所示。

图 2.20　实验程序执行结果

2.4.3　实验 3　求解环绕的区域问题

给定一个包含'X'和'O'的面板,捕捉所有被'X'环绕的区域,并将该区域中的所有'O'翻转为'X'。例如面板如下:

X X X X
X O O X
X X O X
X O X X

在执行程序后变为:

X X X X
X X X X
X X X X
X O X X

要求采用 DFS 和 BFS 两种方法求解。

解:实际上只有边界上'O'的位置组成的'O'片区(称为边界'O'连通区)不会被'X'包围,其他中间不与边界'O'连通区相连的'O'都会被'X'包围。采用的方法是从每个边界'O'出发,将遍历到的'O'暂时改为' ∗ ',完毕后所有非' ∗ '的'O'都被'X'包围,将它们改为'X'(翻转),最后将' ∗ '恢复为'O'。可以采用 DFS 或者 BFS 方法。

解法 1:递归 DFS,类似 DFS 求解迷宫问题。对应的完整程序如下:

```cpp
#include <stdio.h>
#include <vector>
#include <stack>
#include <string>
using namespace std;
int H[4] = {0, 1, 0, -1};              //水平偏移量,下标对应方位号0～3
int V[4] = {-1, 0, 1, 0};              //垂直偏移量
//问题表示
vector<vector<char>> board;            //存放面板
```

```
int m;                                          //面板 m 行
int n;                                          //面板 n 列
void dispboard( )                               //输出面板
{    int m=board.size( );
     int n=board[0].size( );
     for(int i=0; i<m; i++)
     {    printf(" ");
          for(int j=0; j<n;j++)
               printf("%c ",board[i][j]);
          printf("\n");
     }
}

void DFS(int i,int j)                           //从 'O' 位置深度优先遍历
{    int ni,nj;
     board[i][j]=' * ';                         //将试探位置值改为 ' * ',避免重复搜索
     for (int k=0;k<4;k++)                       //试探每一个方位
     {    ni=i+V[k]; nj=j+H[k];                  //求相邻的新位置(ni,nj)
          if(ni>=0 && ni<m && nj>=0 && nj<n && board[ni][nj]=='O')
          {    //若(ni,nj)位置有效并且为'O'
               board[ni][nj]=' * ';             //将新位置值改为' * '
               DFS(ni,nj);;                     //从新位置出发查找'O'
          }
     }
}

void solve( )                                   //问题求解算法
{    int i,j;
     if(board.empty( ) || board[0].empty( ))
          return;
     for(i=0; i<m; i++)
          for(j=0; j<n;j++)
               if(board[i][j]=='O')
               {
                    if(i==0 || i==m-1 || j==0 || j==n-1)
                         DFS(i,j);               //从边界上的'O'出发查找
               }
     printf("DFS 后的面板:\n"); dispboard( );
     for(i=0; i<m; i++)
          for(j=0; j<n; j++)
          {    if(board[i][j]=='O')               //将'O'改为'X'
                    board[i][j]='X';
               else if(board[i][j]==' * ')        //将' * '恢复为'O'
                    board[i][j]='O';
          }
}

void main( )
{    string str[]={"XXXX","XOOX","XXOX","XOXX"};
     m=4; n=4;
     for (int i=0;i<m;i++)
     {    vector<char> s;
```

```
        for (int j=0;j<n;j++)
            s.push_back(str[i][j]);
        board.push_back(s);
    }
    printf("原始面板:\n"); dispboard();
    solve();
    printf("最后面板:\n"); dispboard();
}
```

上述程序的执行结果如图 2.21 所示。

图 2.21　实验程序执行结果

解法 2：非递归 DFS，用栈实现。对应的完整程序如下：

```
# include <stdio.h>
# include <vector>
# include <stack>
# include <string>
using namespace std;
//问题表示
vector<vector<char>> board;                    //存放面板
int m;                                          //面板 m 行
int n;                                          //面板 n 列
struct Position                                 //位置结构体
{   int x;
    int y;
    Position(int x1,int y1): x(x1), y(y1) {}     //构造函数
};
void dispboard()                                //输出面板
{   for(int i=0; i<m; i++)
    {   printf(" ");
        for(int j=0; j<n;j++)
            printf("%c ",board[i][j]);
        printf("\n");
```

```
    }
}
void DFS(int i, int j, int m, int n)                  //深度优先遍历
{   stack < Position * > st;
    Position  * pos = new Position(i, j);
    st. push(pos);                                    //初始位置进栈
    board[i][j] = ' * ';                              //进栈位置的值改为' * ',避免重复搜索
    while(! st. empty())                              //栈不空时循环
    {   Position * curp = st. top();                  //取栈顶位置方块 curp
        if (curp -> x > 0 && board[curp -> x-1][curp -> y] == 'O')
        {   Position * up = new Position(curp -> x-1, curp -> y);
            st. push(up);
            board[up -> x][up -> y] = ' * ';
            continue;
        }
        if(curp -> x < m-1 && board[curp -> x+1][curp -> y] == 'O')
        {   Position * down = new Position(curp -> x+1, curp -> y);
            st. push(down);
            board[down -> x][down -> y] = ' * ';
            continue;
        }
        if(curp -> y > 0 && board[curp -> x][curp -> y-1] == 'O')
        {   Position * left = new Position(curp -> x, curp -> y-1);
            st. push(left);
            board[left -> x][left -> y] = ' * ';
            continue;
        }
        if(curp -> y < n-1 && board[curp -> x][curp -> y+1] == 'O')
        {   Position * right = new Position(curp -> x, curp -> y+1);
            st. push(right);
            board[right -> x][right -> y] = ' * ';
            continue;
        }
        delete curp;                                  //释放退栈的结点
        st. pop();                                    //栈顶方块没有路径时退栈
    }
}
void solve()                                          //问题求解算法
{   int i, j;
    for(i=0; i<m; i++)
        for(j=0; j<n; j++)
            if(board[i][j] == 'O')
            {   if(i==0 || i==m-1 || j==0 || j==n-1)
                    DFS(i, j, m, n);
            }
    printf("DFS 后的面板:\n"); dispboard();
    for(i=0; i<m; i++)
        for(j=0; j<n; j++)
        {   if(board[i][j] == 'O')                    //将'O'改为'X'
```

```
                board[i][j]='X';
            else if(board[i][j]=='*')              //将'*'恢复为'O'
                board[i][j]='O';
        }
}
void main()
{    string str[]={"XXXX","XOOX","XXOX","XOXX"};
     m=4; n=4;
     for (int i=0;i<m;i++)
     {    vector<char> s;
          for (int j=0;j<n;j++)
              s.push_back(str[i][j]);
          board.push_back(s);
     }
     printf("原始面板:\n"); dispboard();
     solve();
     printf("最后面板:\n"); dispboard();
}
```

解法 3：BFS,类似 BFS 求解迷宫问题。对应的完整程序如下：

```
#include <stdio.h>
#include <vector>
#include <queue>
#include <string>
using namespace std;
//问题表示
vector<vector<char>> board;                    //存放面板
int m;                                         //面板 m 行
int n;                                         //面板 n 列
struct Position                                //位置结构体
{    int x;
     int y;
     Position(int x1,int y1): x(x1), y(y1) {}   //构造函数
};
void dispboard()                               //输出面板
{    for(int i=0; i<m; i++)
     {    printf(" ");
          for(int j=0; j<n;j++)
              printf("%c ",board[i][j]);
          printf("\n");
     }
}
void BFS(int i,int j,int m,int n)               //广度优先遍历
{    queue<Position *> qu;                      //定义一个队列
     Position * pos = new Position(i,j);        //建立一个由 pos 指向的队结点
     qu.push(pos);                             //初始位置进队
     board[i][j]='*';                          //进队位置的值改为'*',避免重复搜索
     while(!qu.empty())                        //队不空时循环
```

```
{   Position  * curp＝qu. front();
    qu. pop();                                      //出队位置 curp
    if (curp -> x > 0 && board[curp -> x-1][curp -> y]=='O')
    {    Position  * up＝new Position(curp -> x-1,curp -> y);
         qu. push(up);
         board[up -> x][up -> y]=' * ';
    }
    if(curp -> x < m-1 && board[curp -> x+1][curp -> y]=='O')
    {    Position  * down = new Position(curp -> x+1,curp -> y);
         qu. push(down);
         board[down -> x][down -> y]=' * ';
    }
    if(curp -> y > 0 && board[curp -> x][curp -> y-1]=='O')
    {    Position  * left = new Position(curp -> x,curp -> y-1);
         qu. push(left);
         board[left -> x][left -> y]=' * ';
    }
    if(curp -> y < n-1 && board[curp -> x][curp -> y+1]=='O')
    {    Position  * right = new Position(curp -> x,curp -> y+1);
         qu. push(right);
         board[right -> x][right -> y]=' * ';
    }
    delete curp;                                    //出队后释放 curp 指向的结点
    }
}
void solve()                                        //问题求解算法
{   int i,j;
    for(i=0; i < m; i++)
        for(j=0; j < n;j++)
            if(board[i][j]== 'O')
            {
                if(i==0 || i==m-1 || j==0 || j==n-1)
                    BFS(i,j,m,n);
            }
    printf("BFS 后的面板:\n"); dispboard();
    for(i=0; i < m; i++)
        for(j=0; j < n; j++)
        {
            if(board[i][j]== 'O')                   //将'O'改为'X'
                board[i][j]='X';
            else if(board[i][j]== ' * ')            //将' * '恢复为'O'
                board[i][j]='O';
        }
}
void main()
{   string str[]={"XXXX","XOOX","XXOX","XOXX"};
    m=4; n=4;
    for (int i=0;i < m;i++)
    {   vector < char > s;
```

```
        for (int j=0;j<n;j++)
            s.push_back(str[i][j]);
        board.push_back(s);
    }
    printf("原始面板:\n"); dispboard();
    solve();
    printf("最后面板:\n"); dispboard();
}
```

2.4.4　实验 4　求解钓鱼问题

某人想在 h 小时内钓到数量最多的鱼。这时他已经在一条路边,从他所在的地方开始,放眼望去,n 条湖一字排开,湖编号依次是 1、2、…、n。他已经知道,从湖 i 走到湖 $i+1$ 需要花 $5 \times ti$ 分钟;他在湖 i 钓鱼,第一个 5 分钟可钓到数量为 fi 的鱼,若他继续在湖 i 钓鱼,每过 5 分钟,钓鱼量将减少 di。请给他设计一个最佳钓鱼方案。

解:假设在 h 小时的钓鱼中最后的一个湖是湖 i,用 Lake 数组元素 Lake[i] 记录其钓鱼方案 num 和最多钓鱼数量 max(初始时 Lake 数组的所有元素的成员设置为 0)。

他需要从湖 1 走到湖 i,减去路上的时间,剩下的时间 restT 都是钓鱼时间,用 cfi 数组记录当前单位时间湖 1~湖 i 中鱼的数量,初始时 cfi=fi。

他首先选择湖 1~湖 i 中鱼最多的湖开始,假设最多的湖是湖 k,在此湖钓鱼,每过一个单位时间(5 分钟),Lake[i].max+=cfi[k](增加的钓鱼数),Lake[i].num[k]+=5(增加的钓鱼时间)同时置 cfi[k]−=di[k](湖 k 的鱼数量减少)。下一个单位时间重复进行,直到 restT=0(每经过一个单位时间 cfi 会发生改变)。

最后枚举每个湖 i 作为最后的湖,求出 Lake 数组,在其中找出 max 最大的湖 maxlast 即为所求。对应的完整程序如下:

```
#include <stdio.h>
#define MAX 30
//问题表示
int n=2;                              //湖的个数
int h=1;                              //可用时间
int fi[MAX]={0,10,1};                 //最初钓鱼量,数组下标 0 不用
int di[MAX]={0,2,5};                  //单位时间鱼的减少量,数组下标 0 不用
int ti[MAX]={0,2};                    //ti[i]为湖 i 到湖 i+1 的时间,数组下标 0 不用
int cfi[MAX];                         //保存 fi
//求解结果表示
struct NodeType
{   int num[MAX];                     //各个湖的钓鱼时间
    int max;                          //最多的钓鱼量
} Lake[MAX];                          //Lake[i]表示经过最后一个湖 i 的结果
int maxlast;                          //最多钓鱼量时最后经过的湖的编号
int GetMax(int p[],int i,int j)       //求 p[i..j]中最大元素的下标
{   int maxi=i;                       //最大元素下标初始化
    for (int k=i+1;k<=j;k++)
```

```
        if (p[maxi]<p[k])                    //比较
            maxi=k;
    return maxi;
}
void solve( )                                //求解钓鱼问题
{   int i,j,t,restT;
    int T=60*h;                              //可用的总时间
    for (i=1;i<=n;i++)                       //枚举每一个可能的结束湖位置
    {   restT=T;                             //剩下的时间
        for (j=1;j<=i;j++)                   //走过的所有湖是1、2、…、i
        {   cfi[j]=fi[j];                    //初始化cfi
            if (j<i)
                restT-=5*ti[j];              //减去到达湖i路上走路的时间
        }
        t=0;
        while (t<restT)                      //考虑所有的钓鱼时间
        {   int k=GetMax(cfi,1,i);           //找到钓鱼量最多的湖k
            Lake[i].max+=cfi[k];             //在湖k中钓一个单位时间的鱼
            Lake[i].num[k]+=5;               //湖i的钓鱼时间增加一个单位时间
            if (cfi[k]>=di[k])               //修改湖k下一个单位时间的钓鱼量
                cfi[k]-=di[k];
            else
                cfi[k]=0;
            t+=5;                            //增加一个单位时间
        }
    }
}

int main( )
{   int i,j;
    for (i=1;i<=n;i++)                       //Lake数组初始化
    {   Lake[i].max=0;
        for (j=0;j<=n;j++)
            Lake[i].num[j]=0;
    }
    solve();
    printf("求解结果\n");
    maxlast=1;
    for (i=2;i<=n;i++)
        if (Lake[i].max>Lake[maxlast].max)
            maxlast=i;
    for (i=1;i<=n;i++)
        printf(" 在湖%d钓鱼时间为%d分钟\n",i,Lake[maxlast].num[i]);
    printf(" 总的钓鱼量：%d\n",Lake[maxlast].max);
    return 0;
}
```

上述程序的执行结果如图 2.22 所示。

图 2.22　实验程序执行结果

2.5　第 5 章——回溯法

2.5.1　实验 1　求解查找假币问题

有 12 个硬币，分别用 A～L 表示，其中恰好有一个假币，假币的重量不同于真币，所有真币的重量相同。现在采用天平称重方式找这个假币，某人已经给出了一种 3 次称重的方案，一种方案如下：

ABCD EFGH even	//表示 ABCD 硬币的重量等于 EFGH 硬币的重量
ABCI EFJK up	//表示 ABCI 硬币的重量大于 EFJK 硬币的重量
ABIJ EFGH even	//表示 ABIJ 硬币的重量等于 EFGH 硬币的重量

每次将两组硬币个数相同的硬币称重，结果为“even”表示相等，为“up”表示前者重，为“down”表示后者重。编写一个实验程序找出这个假币。

解：采用暴力法＋回溯法设计本实验题算法。

用数组 w 表示 12 个硬币的重量，$w[i]=0$ 表示第 i 个硬币为真币；$w[i]=1$ 表示为假币，且重量较真币重；$w[i]=1$ 表示为假币，且重量较真币轻。

首先假设所有硬币为真币。采用暴力方法，枚举每一个硬币，先设 $w[i]=1$，看是否满足称重情况，若不满足，说明它表示假币；再设 $w[i]=-1$，看是否满足称重情况，若不满足，说明它表示假币，其他情况为真币，同时将 $w[i]$ 设置为 0（即回溯），对其他硬币继续判断。对应的完整程序如下：

```
#include <stdio.h>
#include <string.h>
#include <string>
using namespace std;
//问题表示
int w[12];
string a[3]={"ABCD","ABCI","ABIJ"};        //天平左边的硬币组
string b[3]={"EFGH","EFJK","EFGH"};        //天平右边的硬币组
string c[]={"even","up","even"};           //天平称重结果
bool Balanced()                            //判断是否与称重结果匹配
```

```
{    for (int i=0;i<3;i++)                          //3次称重
     {    int leftw=0;
          int rightw=0;
          for (int j=0;j<a[i].size();j++)
          {    leftw+=w[a[i][j]-'A'];
               rightw+=w[b[i][j]-'A'];
          }
          if (leftw<rightw && c[i]!="down")
               return false;
          if (leftw==rightw && c[i]!="even")
               return false;
          if (leftw>rightw && c[i]!="up")
               return false;
     }
     return true;
}
void solve(int &x,int &y)                           //求假币 x 及其重量 y
{    for (int i=0;i<12;i++)
     {    w[i]=1;                                    //假设第 i 个硬币为假币,并且重量较重
          if (Balanced())
          {    x=i;y=1;
               return;
          }
          w[i]=-1;                                   //假设第 i 个硬币为假币,并且重量较轻
          if (Balanced())
          {    x=i;y=-1;
               return;
          }
          w[i]=0;                                    //回溯,恢复第 i 个硬币为真币
     }
}
void main( )
{    memset(w,0,sizeof(w));                          //初始化所有硬币为真币
     int x,y;
     solve(x,y);
     printf("求解结果\n");
     printf(" 假币是%c\n",x+'A');
     if (y==1)
          printf(" 该硬币较真币重量重\n");
     else
          printf(" 该硬币较真币重量轻\n");
}
```

上述程序的执行结果如图 2.23 所示。

图 2.23　实验程序执行结果

2.5.2　实验 2　求解填字游戏问题

在 3×3 个方格的方阵中要填入数字 1～10 的某 9 个数字，每个方格填一个整数，使所有相邻两个方格内的两个整数之和为素数。编写一个实验程序，求出所有满足这个要求的数字填法。

解：采用回溯法求解的基本框架如下。

```
void solve( )
{   int pos＝0
    bool ok＝true;
    int n＝8;
    do
    {   if (ok)
        {   if (pos＝＝n)
            {   输出解；
                调整；
            }
            else 扩展；
        }
        else 调整；
        ok＝检查前 pos 个整数填放的合理性；
    } while (pos>＝0);
}
```

首先是 3×3 个方格的布局，采用一个一维数组 $a[9]$ 存放一种填字方案，与 3×3 个方格 b 的对应关系如图 2.24 所示，即 $b[0][0]$ 存放在 $a[0]$ 中、$b[0][1]$ 存放在 $a[1]$ 中、…、$b[2][2]$ 存放在 $a[8]$ 中。在这种存储结构中，如何确定 a 的 i 位置的相邻方格呢？采用向前判断的方式：

* a 的 0 位置没有前向的相邻方格。
* a 的 1 位置的前向的相邻方格是 $a[0]$。
* a 的 2 位置的前向的相邻方格是 $a[1]$。
* a 的 3 位置的前向的相邻方格是 $a[0]$。
* a 的 4 位置的前向的相邻方格是 $a[1]$ 和 $a[3]$。
* a 的 5 位置的前向的相邻方格是 $a[2]$ 和 $a[4]$。
* a 的 6 位置的前向的相邻方格是 $a[3]$。
* a 的 7 位置的前向的相邻方格是 $a[4]$ 和 $a[6]$。
* a 的 8 位置的前向的相邻方格是 $a[5]$ 和 $a[7]$。

	0	1	2
0	0	1	2
1	3	4	5
2	6	7	8

图 2.24　3×3 个方格 b 采用一维数组 a 表示

为此，采用一个二维数组 Checkmatrix 表示相邻方格如下（a 的 i 位置的相邻方格对应第 i 行，以 -1 表示结尾）：

```
int Checkmatrix[][3]＝{{-1},{0,-1},{1,-1},{0,-1},{1,3,-1},
                {2,4,-1},{3,-1},{4,6,-1},{5,7,-1} };
```

另外,用 used[1..10]表示对应数字是否使用过,used[i]=true 表示数字 i 没有使用,后面可以使用它填字,used[i]=false 表示数字 i 已经填入,不能再使用它。

对应的完整程序如下:

```
# include <stdio.h>
# include <math.h>
# define N 10
bool used[N+1];                              //used[i]=true 表示数字 i 可以使用
int a[9];                                    //存放 3×3 个方格
int count=0;                                 //统计解个数
int Checkmatrix[][3]={ {-1},{0,-1},{1,-1},{0,-1},{1,3,-1},
                       {2,4,-1},{3,-1},{4,6,-1},{5,7,-1} };
void dispasolution(int a[])                  //输出一个解
{   int i,j;
    printf("解%d\n",++count);
    for (i=0;i<3;i++)
    {   for (j=0;j<3;j++)
            printf("%3d",a[3*i+j]);
        printf("\n");
    }
}

bool isPrime(int m)                          //判断 m 是否为素数
{   bool flag=true;
    for (int i=2;i<=sqrt(m);i++)
        if (m%i==0)
            return false;
    return true;
}

bool Check(int pos)        //检查 a 中 pos 位置的相邻两个方格内的数字之和是否为素数
{   int i,j;
    if (pos<0) return 0;
    for (i=0;(j=Checkmatrix[pos][i])>=0;i++)
        if (!isPrime(a[pos]+a[j]))           //有一个不是素数,则返回 false
            return false;
    return true;
}
int selectnum(int start)                     //从 start 位置开始选择一个没有使用的数字
{   for (int j=start;j<=N;j++)
        if (used[j]) return j;
    return 0;                                //没有合适的数字返回 0
}
int extend(int pos)        //扩展:为 pos 位置选择一个没有使用的数字,pos++
{   a[++pos]=selectnum(1);                    //扩展过程都是从 1 开始选择数字的
    used[a[pos]]=0;                           //标识该数字已使用
    return pos;
}

int change(int pos)                          //调整:从 pos 开始回溯
{   int j;
    //为 pos 位置选择另外一个数字,为了避免重复,是从原数字的下一个数字开始选取的
```

```
                //若不能为 pos 选择一个数字,则回溯,即恢复 a[pos]为可以使用的,再执行 pos－－
                while (pos>=0 && (j=selectnum(a[pos]+1))==0)
                    used[a[pos－－]]=true;
                if (pos<0) return －1;                //全部回溯完毕,返回－1算法结束
                used[a[pos]]=true;                   //为 pos 位置找到一个没有使用的数字 j
                a[pos]=j;                            //pos 位置放置数字 j
                used[j]=false;                       //标识数字 j 已经使用过
                return pos;                          //返回该回溯的新位置
            }
            void solve( )                            //求解算法
            {   bool ok=true;                        //当前填数是否有效
                int pos=0;                           //从位置 0 开始
                a[pos]=1;                            //在 pos 位置填入 1
                used[a[pos]]=0;                      //标识数字 1 已经使用过
                do
                {   if (ok)
                    {   if (pos==8)
                        {   dispasolution(a);
                            pos=change(pos);
                        }
                        else pos=extend(pos);
                    }
                    else
                        pos=change(pos);
                    ok=Check(pos);
                } while (pos>=0);
            }
            void main( )
            {   for (int i=1;i<=N;i++)               //初始化,所有数字均可以使用
                    used[i]=true;
                solve();
                printf("count=%d\n",count);          //输出数字填法总数
            }
```

上述程序修改 N 可以得到不同的结果,这里 N=10,结果有 128 种填字方案,如果 N=12,得到 768 种填字方案。

2.5.3　实验 3　求解组合问题

编写一个实验程序,采用回溯法输出自然数 $1 \sim n$ 中任取 r 个数的所有组合。

解:这里采用基于深度优先遍历方法求解,用 vector<int>容器 path 存放一个组合。变量 i 表示当前扫描的元素(从 1 开始),num 表示当前已经选择的元素个数(从 0 开始)。算法思路如下:

```
#include <stdio.h>
#include <vector>
using namespace std;
//问题表示
```

```
int n=5,r=3;                              //全局变量
void disppath(vector < int > path)        //输出一个组合
{    for (int j=0;j<path.size();j++)
        printf(" %d",path[j]);
    printf("\n");
}
void dfs(vector < int > path,int i,int num)  //求解算法
{    if (num==r)                          //找到 r 个元素
        disppath(path);
    for (int j=i;j<=n;j++)                //x[i]位置可以选择 i~n 的元素
    {    path.push_back(j);               //选择元素 j
        dfs(path,j+1,num+1);
        path.pop_back();                  //回溯:不选择元素 i
    }
}
void main()
{    vector < int > path;                 //存放一个解
    printf("n=%d,r=%d 的所有组合如下:\n",n,r);
    dfs(path,1,0);
}
```

上述程序的执行结果如图 2.25 所示。

图 2.25 实验程序执行结果

2.5.4 实验 4 求解满足方程解问题

编写一个实验程序,求出 a、b、c、d、e,满足 $a*b-c*d+e=1$ 方程,其中所有变量的取值为 1~5 并且均不相同。

解:本题相当于求出 1~5 的一个排列,满足方程要求。采用解空间为排列数的回溯算法框架,对应的程序如下:

```
# include < stdio.h >
//问题表示
int x[5];                                 //存放问题解
int n=5;
void swap(int &a, int &b)                 //交换两个元素
{    int tmp=a;
```

```
        a=b; b=tmp;
    }
    void dispasolution(int x[])                    //输出一个解
    {
        printf(" %d * %d− %d * %d− %d=1\n",x[0],x[1],x[2],x[3],x[4]);
    }
    void dfs(int i)                                //求解算法
    {   if (i==n)                                  //达到叶子结点
        {   if (x[0] * x[1]− x[2] * x[3]− x[4]==1)
                dispasolution(x);
        }
        else
        {   for (int j=i;j<n;j++)
            {   swap(x[i],x[j]);
                dfs(i+1);
                swap(x[i],x[j]);
            }
        }
    }
    void main( )
    {   for (int j=0;j<n;j++)
            x[j]=j+1;
        printf("求解结果\n");
        dfs(0);
    }
```

上述程序的执行结果如图 2.26 所示。

图 2.26　实验程序执行结果

2.6 　第 6 章——分枝限界法

2.6.1　实验 1　求解 4 皇后问题

编写一个实验程序,采用队列式和优先队列式分枝限界法求解 4 皇后问题的一个解,分析这两种方式的求解过程,比较创建的队列结点个数。

解:(1)采用队列式分枝限界法求解,只需要设计一个普通队列,如果已经放置了 i 个皇后,考察第 $i+1$ 个皇后时需要判断是否有冲突。为此,在每个结点中存放搜索到该结点

为止所有放好的皇后。由于每行只能放一个皇后,只需要保存皇后的列位置。声明队列中的结点类型如下:

```
struct NodeType                    //声明队列中的结点类型
{   int no;                        //结点编号
    int row;                       //当前考察的行号
    vector<int> cols;              //存放已经放置皇后的列号
};
```

首先将根结点(虚结点,其 row＝－1)进 qu 队。队列 qu 不空时循环:出队结点 e,考察 $i＝e.row＋1$ 行的子结点,仅仅将与 $e.cols$ 不冲突的子结点进队。由于需要求所有的解,不发生冲突就是剪枝条件。当出队结点 e 时有 $e.row＝n－1$。

对应的完整程序如下:

```
# include<stdio.h>
# include<vector>
# include<queue>
using namespace std;
//问题表示
int n＝4;                          //皇后个数
//求解结果表示
int Count＝1;                      //累计队列中的结点个数,全局变量
struct NodeType                    //声明队列中的结点类型
{   int no;                        //结点编号
    int row;                       //当前考察的行号
    vector<int> cols;              //存放已经放置皇后的列号
};
void dispnode(NodeType e)          //输出一个结点内容
{   if (e.row!＝－1)
        printf("编号:%d, 对应位置(%d,%d)\n",e.no,e.row,e.cols[e.row]);
    else
        printf("编号:%d, 对应位置(%d, * )\n",e.no,e.row);
}
bool Valid(vector<int> cols,int i,int j)    //测试(i,j)位置能否摆放皇后
{   int k＝0;
    while (k<i)                     //k＝0~i－1 时已放置了皇后
    {   if ((cols[k]==j) || (abs(cols[k]－j)==abs(k－i)))
            return false;           //有冲突时返回假
        k++;
    }
    return true;                    //没有冲突时返回真
}
void solve()                        //求皇后问题解
{   int i,j;
    NodeType e,e1;                  //定义两个结点
    queue<NodeType> qu;             //定义一个队列 qu
    e.no＝Count++;                   //建立根结点
    e.row＝－1;                      //行号初始化为－1
```

```
            qu.push(e);                      //根结点进队
            printf("进队: "); dispnode(e);
            while (!qu.empty())              //队不空时循环
            {   e=qu.front(); qu.pop();      //出队结点 e 作为当前结点
                printf("出队: "); dispnode(e);
                if (e.row==n-1)              //达到叶子结点
                {   printf("产生一个解: ");
                    for (i=0;i<n;i++)        //行、列号从 1 开始
                        printf("[%d,%d] ",i+1,e.cols[i]+1);
                    printf("\n");
                    return;                  //产生一个解后结束
                }
                else                         //e 不是叶子结点
                {   for (j=0; j<n; j++)      //检查所有列号
                    {   i=e.row+1;           //考察第 i 个皇后
                        if (Valid(e.cols,i,j))  //扩展与 e 结点中所有皇后没有冲突的子结点
                        {
                            e1.no=Count++;
                            e1.row=i;
                            e1.cols=e.cols;
                            e1.cols.push_back(j);
                            qu.push(e1);
                            printf("进队子结点: "); dispnode(e1);
                        }
                    }
                }
            }
}
int main()
{   printf("%d 皇后问题求解过程:\n",n);
    solve();
    return 0;
}
```

上述程序的执行结果反映求解过程:

```
4 皇后问题求解过程:
  进队: 编号:1, 对应位置(-1,*)
  出队: 编号:1, 对应位置(-1,*)
     进队子结点: 编号:2, 对应位置(0,0)
     进队子结点: 编号:3, 对应位置(0,1)
     进队子结点: 编号:4, 对应位置(0,2)
     进队子结点: 编号:5, 对应位置(0,3)
  出队: 编号:2, 对应位置(0,0)
     进队子结点: 编号:6, 对应位置(1,2)
     进队子结点: 编号:7, 对应位置(1,3)
  出队: 编号:3, 对应位置(0,1)
     进队子结点: 编号:8, 对应位置(1,3)
```

```
出队：编号:4，对应位置(0,2)
    进队子结点：编号:9，对应位置(1,0)
出队：编号:5，对应位置(0,3)
    进队子结点：编号:10，对应位置(1,0)
    进队子结点：编号:11，对应位置(1,1)
出队：编号:6，对应位置(1,2)
出队：编号:7，对应位置(1,3)
    进队子结点：编号:12，对应位置(2,1)
出队：编号:8，对应位置(1,3)
    进队子结点：编号:13，对应位置(2,0)
出队：编号:9，对应位置(1,0)
    进队子结点：编号:14，对应位置(2,3)
出队：编号:10，对应位置(1,0)
    进队子结点：编号:15，对应位置(2,2)
出队：编号:11，对应位置(1,1)
出队：编号:12，对应位置(2,1)
出队：编号:13，对应位置(2,0)
    进队子结点：编号:16，对应位置(3,2)
出队：编号:14，对应位置(2,3)
    进队子结点：编号:17，对应位置(3,1)
出队：编号:15，对应位置(2,2)
出队：编号:16，对应位置(3,2)
产生一个解：[1,2] [2,4] [3,1] [4,3]
```

（2）采用优先队列式分枝限界法求解，需要设计一个优先队列，以当前结点的 row 为限界，即 row 越大越好，修改 NodtType 结点类型如下：

```
struct NodeType                              //声明队列中的结点类型
{   int no;                                  //结点编号
    int row;                                 //当前考察的行号
    vector < int > cols;                     //存放已经放置皇后的列号
    bool operator <(const NodeType &s) const //重载<关系函数
    {   return row < s.row; }                //row越大越优先
};
```

对应的完整程序如下：

```
# include < stdio.h >
# include < vector >
# include < queue >
using namespace std;
//问题表示
int n=4;                                     //皇后个数
//求解结果表示
int Count=1;                                 //累计队列中的结点个数,全局变量
struct NodeType                              //声明队列中的结点类型
{   int no;                                  //结点编号
    int row;                                 //当前考察的行号
```

```
        vector < int > cols;                          //存放已经放置皇后的列号
        bool operator <(const NodeType &s) const      //重载<关系函数
        {   return row < s.row; }                     //row 越大越优先
};
void dispnode(NodeType e)                             //输出一个结点内容
{   if (e.row!=−1)
        printf("编号:%d, 对应位置(%d,%d)\n",e.no,e.row,e.cols[e.row]);
    else
        printf("编号:%d, 对应位置(%d, * )\n",e.no,e.row);
}

bool Valid(vector < int > cols,int i,int j)           //测试(i,j)位置能否摆放皇后
{   int k=0;
    while (k<i)                                        //k=0～i−1 时已放置了皇后
    {   if ((cols[k]==j) || (abs(cols[k]−j)==abs(k−i)))
            return false;                             //有冲突时返回假
        k++;
    }
    return true;                                       //没有冲突时返回真
}
void solve()                                          //求皇后问题解
{   int i,j;
    NodeType e,e1;                                    //定义两个结点
    priority_queue < NodeType > qu;                   //定义一个优先队列 qu
    e.no=Count++;                                     //建立根结点
    e.row=−1;                                         //行号初始化为−1
    qu.push(e);                                       //根结点进队
    printf(" 进队: "); dispnode(e);
    while (!qu.empty())                               //队不空时循环
    {   e=qu.top(); qu.pop();                         //出队结点 e 作为当前结点
        printf(" 出队: "); dispnode(e);
        if (e.row==n−1)                               //达到叶子结点
        {   printf(" 产生一个解: ");
            for (i=0;i<n;i++)                         //行、列号从 1 开始
                printf("[%d,%d] ",i+1,e.cols[i]+1);
            printf("\n");
            return;
        }
        else                                          //e 不是叶子结点
        {   for (j=0; j<n; j++)                       //检查所有列号
            {   i=e.row+1;                            //考察第 i 个皇后
                if (Valid(e.cols,i,j))               //扩展与 e 结点中所有皇后没有冲突的子结点
                {   e1.no=Count++;
                    e1.row=i;
                    e1.cols=e.cols;
                    e1.cols.push_back(j);
                    qu.push(e1);
                    printf(" 进队子结点: "); dispnode(e1);
                }
            }
        }
```

```
        }
      }
    }
int main( )
{   printf("%d 皇后问题求解过程:\n",n);
    solve( );
    return 0;
}
```

上述程序的执行结果反映求解过程:

```
4 皇后问题求解过程:
  进队:编号:1,对应位置(-1,*)
  出队:编号:1,对应位置(-1,*)
      进队子结点:编号:2,对应位置(0,0)
      进队子结点:编号:3,对应位置(0,1)
      进队子结点:编号:4,对应位置(0,2)
      进队子结点:编号:5,对应位置(0,3)
  出队:编号:2,对应位置(0,0)
      进队子结点:编号:6,对应位置(1,2)
      进队子结点:编号:7,对应位置(1,3)
  出队:编号:6,对应位置(1,2)
  出队:编号:7,对应位置(1,3)
      进队子结点:编号:8,对应位置(2,1)
  出队:编号:8,对应位置(2,1)
  出队:编号:4,对应位置(0,2)
      进队子结点:编号:9,对应位置(1,0)
  出队:编号:9,对应位置(1,0)
      进队子结点:编号:10,对应位置(2,3)
  出队:编号:10,对应位置(2,3)
      进队子结点:编号:11,对应位置(3,1)
  出队:编号:11,对应位置(3,1)
  产生一个解:[1,3] [2,1] [3,4] [4,2]
```

(3) 从结果看出,采用队列式分枝限界法求解 4 皇后问题的一个解,生成的队列结点个数为 16,而采用优先队列式时生成的队列结点个数为 11,后者更优。尽管两种方法得到的解不同,但都满足题目要求,因为 4 皇后问题有多个解。

2.6.2　实验 2　求解布线问题

印刷电路板将布线区域划分成 $n \times m$ 个方格。精确的电路布线问题要求确定连接方格 a 的中点到方格 b 的中点的最短布线方案。在布线时,电路只能沿直线或直角布线。为了避免线路相交,对已布了线的方格做了封锁标记,其他线路不允许穿过被封锁的方格。图 2.27 所示为一个布线的例子,图中阴影部分是指被封锁的方格,其起始点为 a、目标点为 b。编写一个实验程序采用分枝限界法求解。

解:采用广度优先搜索方法,从 a 点搜索到 b 点,一旦找到 b 点,通过队列反推出路径(逆路径)。由于 STL 的队列不能顺序遍历,为此自己设计一个非环形队列 qu,并提供相关

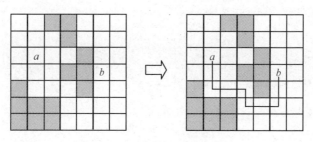

图 2.27　一个布线的例子

的判断队空、进队、出队和从下标 s 开始求逆路径的运算算法。对分枝限界法求解中的几个问题说明如下。

（1）结点扩展：出队结点 e，如果 e 是目标结点 b，即为叶子结点，通过路径长度比较，将最短路径长度保存在 bestlen 中，将最短路径保存在 bestpath 向量中；如果 e 不是目标结点 b，查找周围的 4 个结点，不扩展无效的结点。

（2）剪枝：由于每走一个方格路径长度增加 1，如果从结点 e 走到任何一个有效结点 e1 有 e.length$+1\geqslant$bestlen，说明 e 结点为死结点，不应该从结点 e 继续扩展。

说明：如果将队列中当前结点的路径也存放在结点中，这样就不需要通过队列反推路径，可以直接使用 STL 的 queue 或者 priority_queue，这样做队列结点占用的空间比较多。

对应的完整程序如下：

```c
# include < stdio. h >
# include < vector >
# include < queue >
using namespace std;
# define INF 0x3f3f3f3f
# define MAXQ 101
# define MAXN 10
# define MAXM 10
int H[4] = {0, 1, 0, −1};            //水平偏移量,下标对应方位号 0～3
int V[4] = {−1, 0, 1, 0};            //垂直偏移量
struct Position                      //坐标类型
{    int x, y;
     Position() {}
     Position(int i, int j)          //构造函数
     {    x=i;
          y=j;
     }
};
//问题表示
int n=7;
int m=7;
int grid[MAXN][MAXM]={
     {0,0,1,1,0,0,0},
     {0,0,0,1,0,0,0},
     {0,0,0,0,1,0,0},
     {0,0,0,1,1,0,0},
```

```
                                                          {1,0,0,0,1,0,0},
                                                          {1,1,1,0,0,0,0},
                                                          {1,1,1,0,0,0,0} };
Position a(2,1),b(3,5);                    //起始位置 a 和目标位置 b
//求解结果表示
int bestlen=INF;                           //最优路径的路径长度
vector<Position> bestpath;                 //最优路径
int Count=0;                               //搜索空间中的结点数累计,全局变量
//--------------自己设计非环形队列-------------
typedef struct
{   int no;                                //结点在队列数组中的下标
    Position p;                            //当前结点的行、列号
    int length;                            //当前结点的路径长度
    int pre;                               //当前结点的前驱结点在队列中的下标
} NodeType;
class QUEUE                                //声明非环形队列类
{
private:
    NodeType data[MAXQ];
    int front,rear;                        //队头、队尾指针
public:
    QUEUE()                                //构造函数
    {
        front=rear=-1;
    }
    bool empty()                           //队列算法为空
    {
        return front==rear;
    }
    void push(NodeType e)                  //结点 e 进队
    {   rear++;
        data[rear]=e;
    }
    NodeType pop()                         //出队结点 e
    {   front++;
        return data[front];
    }
    void GetPath(int s,vector<Position> &path)   //从 s 构造一条逆路径 path
    {   int k=s;
        while (k!=-1)                      //根结点的 pre 为-1
        {   path.push_back(data[k].p);
            k=data[k].pre;                 //反向推导路径
        }
    }
};
//---------------------------------------------------------
void solve()                               //求布线问题的最优解
{   NodeType e,e1;                         //定义两个结点
    Position p,p1;
```

```
        QUEUE qu;                                    //定义一个队列 qu
        e.no=Count++;                                //设置结点位置
        e.pre=-1;
        e.p=a;                                       //起始点
        e.length=0;
        qu.push(e);                                  //根结点进队
        while (!qu.empty())                          //队不空时循环
        {   e=qu.pop();                              //出队结点 e 作为当前结点
            p=e.p;
            if (p.x==b.x && p.y==b.y)                //e 是一个叶子结点
            {   if (e.length < bestlen)              //比较找最优解
                {   bestlen=e.length;                //保存最短路径长度
                    bestpath.clear();
                    qu.GetPath(e.no, bestpath);      //保存最短路径
                }
            }
            else                                     //e 不是叶子结点
            {   for (int j=0; j<4; j++)              //检查 e 周围的 4 个结点
                {   p1.x=p.x+H[j];                   //求出 p 的一个相邻结点 p1
                    p1.y=p.y+V[j];
                    if (p1.x>=0 && p1.x<n && p1.y>=0 && p1.y<m && grid[p1.x][p1.y]==0)
                    {   //p1 必须是可以走的结点
                        if (e.length+1 < bestlen)    //剪枝
                        {   e1.no=Count++;           //设置结点编号
                            e1.length=e.length+1;    //路径长度增 1
                            e1.pre=e.no;
                            e1.p=p1;
                            qu.push(e1);             //孩子结点进队
                            grid[p1.x][p1.y]=-1;     //避免来回搜索
                        }
                    }
                }
            }
        }
}
void main()
{   solve();
    printf("最佳方案:\n");
    printf(" 路径长度=%d\n", bestlen);
    vector < Position >::reverse_iterator it;
    printf(" 路径: ");
    for (it=bestpath.rbegin();it!=bestpath.rend();++it)
        printf("[%d,%d] ",it->x,it->y);
    printf("\n");
}
```

上述程序的执行结果如图 2.28 所示。

图 2.28　实验程序执行结果

2.6.3　实验 3　求解迷宫问题

迷宫问题的描述见《教程》4.4.4 小节。

解：这里用分枝限界法求解，采用广度优先从入口搜索到出口点，一旦找到出口点，通过队列反推出路径（逆路径）。同样自己设计一个非环形队列 qu，并提供相关的判断队空、进队、出队和从下标 s 开始求逆路径的运算算法。

对应的完整程序如下：

```
#include <stdio.h>
#include <vector>
using namespace std;
#define INF 0x3f3f3f3f
#define MAXQ 100
#define MAX_SIZE 21
int H[4] = {0, 1, 0, -1};              //水平偏移量,下标对应方位号 0~3
int V[4] = {-1, 0, 1, 0};              //垂直偏移量
struct Position                        //坐标类型
{    int x, y;
     Position() {}
     Position(int i, int j)            //构造函数
     {    x=i;
          y=j;
     }
};
//问题表示
int n=8;
int m=8;
char Maze[MAX_SIZE][MAX_SIZE]=
{    {'O', 'X', 'X', 'X', 'X', 'X', 'X', 'X'},
     {'O', 'O', 'O', 'O', 'O', 'X', 'X', 'X'},
     {'X', 'O', 'X', 'X', 'O', 'O', 'O', 'X'},
     {'X', 'O', 'X', 'X', 'O', 'X', 'X', 'O'},
     {'X', 'O', 'X', 'X', 'X', 'X', 'X', 'X'},
     {'X', 'O', 'X', 'X', 'O', 'O', 'O', 'X'},
     {'X', 'O', 'O', 'O', 'O', 'X', 'O', 'O'},
     {'X', 'X', 'X', 'X', 'X', 'X', 'X', 'O'}
};
Position a(0,0), b(n-1, m-1);          //起始位置 a 和目标位置 b
//求解结果表示
```

```
int bestlen=INF;                                    //最优路径的路径长度
vector<Position> bestpath;                          //最优路径
int Count=0;                                         //搜索空间中的结点数累计,全局变量
//--------------自己设计非环形队列-------------
typedef struct
{   int no;                                         //结点在队列数组中的下标
    Position p;                                     //当前结点的行、列号
    int length;                                     //当前结点的路径长度
    int pre;                                        //当前结点的前驱结点在队列中的下标
} NodeType;
class QUEUE                                          //声明非环形队列类
{
private:
    NodeType data[MAXQ];
    int front,rear;                                 //队头、队尾指针
public:
    QUEUE()                                         //构造函数
    {
        front=rear=-1;
    }
    bool empty()                                    //队列算法为空
    {
        return front==rear;
    }
    void push(NodeType e)                           //结点 e 进队
    {   rear++;
        data[rear]=e;
    }
    NodeType pop()                                  //出队结点 e
    {   front++;
        return data[front];
    }
    void GetPath(int s,vector<Position> &path)      //从 s 构造一条逆路径 path
    {   int k=s;
        while (k!=-1)                               //根结点的 pre 为-1
        {   path.push_back(data[k].p);
            k=data[k].pre;                          //反向推导路径
        }
    }
};
//-------------------------------------------
void solve()                                        //求迷宫问题的最优解
{   NodeType e,e1;                                  //定义两个结点
    Position p,p1;
    QUEUE qu;                                        //定义一个队列 qu
    e.no=Count++;                                    //设置结点位置
    e.pre=-1;
    e.p=a;                                           //起始点
    e.length=0;
```

```
    qu.push(e);                                          //根结点进队
    while (!qu.empty())                                  //队不空时循环
    {   e=qu.pop();                                      //出队结点 e 作为当前结点
        p=e.p;
        if (p.x==b.x && p.y==b.y)                        //e 是一个叶子结点
        {   if (e.length < bestlen)                      //比较找最优解
            {   bestlen=e.length;                        //保存最短路径长度
                bestpath.clear();
                qu.GetPath(e.no,bestpath);               //保存最短路径
            }
        }
        else                                             //e 不是叶子结点
        {   for (int j=0; j<4; j++)                       //检查 e 周围的 4 个结点
            {   p1.x=p.x+H[j];                            //求出 p 的一个相邻结点 p1
                p1.y=p.y+V[j];
                if (p1.x>=0 && p1.x<n && p1.y>=0 && p1.y<m && Maze[p1.x][p1.y]=='O')
                {                                         //p1 必须是可以走的结点
                    if (e.length+1 < bestlen)             //剪枝
                    {   e1.no=Count++;                    //设置结点编号
                        e1.length=e.length+1;             //路径长度增 1
                        e1.pre=e.no;
                        e1.p=p1;
                        qu.push(e1);                      //孩子结点进队
                        Maze[p1.x][p1.y]='K';             //字符改为'K',避免来回搜索
                    }
                }
            }
        }
    }
}
void main()
{   solve();
    printf("最佳方案:\n");
    printf(" 路径长度=%d\n", bestlen);
    vector < Position >::reverse_iterator it;
    printf(" 路径:\n");
    for (it=bestpath.rbegin();it!=bestpath.rend();++it)
        Maze[it -> x][it -> y]=' ';                      //将路径上的字符改为空格
    for (int i=0;i<n;i++)
    {   printf("\t");
        for (int j=0;j<m;j++)
        {   if (Maze[i][j]=='K')                         //遇到'K'改为'O'
                printf("O");
            else
                printf("%c",Maze[i][j]);
        }
        printf("\n");
    }
}
```

说明：实验题 2 和实验题 3 可以在队列结点 NodeType 中添加存放路径的 path 成员，这样就可以设计队列为 queue < NodeType > qu，直接使用 STL 的 queue 容器而不必自己设计队列，但这样做导致队列空间花费比较多，容易出现超过空间限制的情况。

上述程序的执行结果如图 2.29 所示。

图 2.29　实验程序执行结果

2.6.4　实验 4　求解解救 Amaze 问题

在原始森林中有很多树，如线段树、后缀树和红黑树等，你掌握了所有的树吗？别担心，本问题不会讨论树，而是介绍原始森林中的一些动物，第一种是金刚，金刚是一种危险的动物，如果你遇到金刚，你会死的；第二种是野狗，它不像金刚那么危险，但它会咬你。

Amaze 是一个美丽的女孩，她不幸迷失于原始森林中。Magicpig 非常担心她，他要到原始森林找她。Magicpig 知道如果遇到金刚他会死的，野狗也会咬他，而且咬了两次（含一只野狗咬两次或者两只野狗各咬一次）之后他也会死的。Magicpig 是多么可怜！

输入的第 1 行是单个数字 $t(0 \leqslant t \leqslant 20)$，表示测试用例的数目。

每个测试用例是一个 Magicforest 地图，之前的一行指出 $n(0 < n \leqslant 30)$，原始森林是一个 $n \times n$ 单元矩阵，其中

（1）p 表示 Magicpig。

（2）a 表示 Amaze。

（3）r 表示道路。

（4）k 表示金刚。

（5）d 表示野狗。

注意，Magicpig 只能在上、下、左、右 4 个方向移动。

对于每个测试用例，如果 Magicpig 能够找到 Amaze，则在一行中输出"Yes"，否则在一行中输出"No"。

输入样例：

```
4
3
pkk  rrd  rda
3
```

```
prr    kkk    rra
4
prrr   rrrr   rrrr   arrr
5
prrrr   ddddd   ddddd   rrrrr   rrrra
```

样例输出:

```
Yes
No
Yes
No
```

解: 采用优先队列式分枝限界法求解。队列结点类型声明如下:

```
struct NodeType                              //队列结点类型
{   int x,y;                                 //当前位置
    int length;                              //走过的路径长度
    double lb;
    bool operator <(const NodeType &s) const //重载<关系函数
    {
        return lb > s.lb;                    //lb 越小越优先出队
    }
};
```

结点的 lb 为从 Magicpig 位置走到当前位置(x,y)的路径长度,加上(x,y)到 Amaze 位置的直线长度,lb 越小越优先出队。对应的完整程序如下:

```
#include <stdio.h>
#include <string.h>
#include <math.h>
#include <queue>
using namespace std;
#define MAX 31
//问题表示
int n;
char b[MAX][MAX];
//求解结果表示
int bite;                                    //被野狗咬的次数
int visited[MAX][MAX];
int px,py,ax,ay;                             //Magicpig 和 Amaze 的位置
int H[4] = {0, 1, 0, -1};                    //水平偏移量,下标对应方位号0～3
int V[4] = {-1, 0, 1, 0};                    //垂直偏移量
struct NodeType                              //队列结点类型
{   int x,y;                                 //当前位置
    int length;                              //走过的路径长度
    double lb;
    bool operator <(const NodeType &s) const //重载<关系函数
```

```
    {
        return lb > s.lb;                          //lb 越小越优先出队
    }
};
void bound(NodeType &e)                            //计算分枝结点 e 的下界
{   double d=sqrt((e.x−ax)*(e.x−ax)+(e.y−ay)*(e.y−ay));
    e.lb=e.length+d;
}
bool bfs()                                         //求解解救 Amaze 问题
{   priority_queue<NodeType> qu;
    NodeType e,e1;
    e.x=px; e.y=py;
    e.length=0;
    bound(e);
    visited[px][py]=1;
    qu.push(e);
    while (!qu.empty())                            //队列不空时循环
    {   e=qu.top(); qu.pop();
        if (e.x==ax && e.y==ay)                    //找到 Amaze
            return true;
        for (int i=0;i<4;i++)
        {   e1.x=e.x+H[i];
            e1.y=e.y+V[i];
            if (e1.x<0 || e1.x>=n || e1.y<0 || e1.y>=n)
                continue;
            if (visited[e1.x][e1.y]==1)            //已经走过,跳出
                continue;
            if (b[e1.x][e1.y]=='k')                //为金刚,跳出
                continue;
            if (b[e1.x][e1.y]=='r' || b[e1.x][e1.y]=='a')      //遇到道路或者 Amaze
            {   e1.length=e.length+1;              //路径长度增加 1
                bound(e1);
                visited[e1.x][e1.y]=1;
                qu.push(e1);
            }
            else if (b[e1.x][e1.y]=='d')           //遇到野狗
            {   if (bite==0)                       //被野狗咬 1 次的情况
                {   e1.length=e.length+1;          //路径长度增加 1
                    bound(e1);
                    visited[e1.x][e1.y]=1;
                    qu.push(e1);
                    bite++;                        //被野狗咬次数增加 1
                }
            }
        }
    }
    return false;
}
int main()
```

```
{   int t,i,j,x,y;
    scanf("%d",&t);                              //输入 t
    while (t--)
{   bite=0;
    memset(visited,0,sizeof(visited));
    scanf("%d",&n);                              //输入 n
    for(i=0;i<n;i++)                             //输入一个测试用例
        scanf("%s",b[i]);
    for (i=0;i<n;i++)
        for (j=0;j<n;j++)
        {   if(b[i][j]=='p')                     //Magicpig 的位置(px,py)
            {   px=i;
                py=j;
            }
            if (b[i][j]=='a')                    //Amaze 的位置(ax,ay)
            {   ax=i;
                ay=j;
            }
        }
    if(bfs())
        printf("Yes\n");
    else
        printf("No\n");
}
    return 0;
}
```

2.7　第7章——贪心法

2.7.1　实验1　求解一个序列中出现次数最多的元素问题

给定 n 个正整数,编写一个实验程序找出它们中出现次数最多的数。如果这样的数有多个,请输出其中最小的一个。

输入描述:输入的第 1 行只有一个正整数 $n(1 \leqslant n \leqslant 1000)$,表示数字的个数;输入的第 2 行有 n 个整数 s_1、s_2、$\cdots$、$s_n (1 \leqslant s_i \leqslant 10000, 1 \leqslant i \leqslant n)$。相邻的数用空格分隔。

输出描述:输出这 n 个次数中出现次数最多的数。如果这样的数有多个,输出其中最小的一个。

输入样例:

```
6
10 1 10 20 30 20
```

样例输出：

```
10
```

解：用数组 a 存放 n 个整数，bestd 存放出现次数最多的最小数，maxn 存放出现最多的次数。将 a 按整数值递增排序，这样值相同的元素连续排列在一起，累计相邻元素相同的个数 num，pred 存放元素值，只有当满足 num > maxn 条件时才执行 maxn = num，bestd = pred；当 num ≤ maxn 时查找下一个相同子序列。

对应的程序如下：

```c
#include <stdio.h>
#include <algorithm>
using namespace std;
#define MAX 1001
//问题表示
int a[MAX]={10,1,10,20,30,20};
int n=6;
//求解结果表示
int bestd;                          //出现次数最多的最小数
int maxn=0;                         //出现最多的次数
void solve()                        //求解出现次数最多的数
{   sort(a,a+n);                    //按整数值递增排序
    int pred=a[0];
    int num=1;
    int i=1;
    while (i<n)
    {   while (i<n && a[i]==pred)
        {   num++;
            i++;
        }
        if (num>maxn)               //比较求 maxn
        {   bestd=pred;
            maxn=num;
        }
        pred=a[i];                  //a[i]!=pred 的情况
        num=1;
        i++;
    }
}
int main()
{   solve();
    printf("%d\n",bestd);           //输出 10
    return 0;
}
```

2.7.2 实验 2 求解删数问题

编写一个实验程序求解删数问题。给定共有 n 位的正整数 d，去掉其中任意 $k \le n$ 个数

字后剩下的数字按原次序排列组成一个新的正整数。对于给定的 n 位正整数 d 和正整数 k，找出剩下数字组成的新数最小的删数方案。

解：采用贪心法求解。按高位到低位的方向搜索递减区间，若不存在递减区间，则删除尾数字，否则删除递减区间的首数字，这样形成一个新数串，然后回到串首，重复上述规则，删除下一个数字，直到删除 k 个数字为止。

例如，$d=5004321$，转换为数字串 $a[]="1234005"$（从 $a[0]$ 到 $a[6]$ 为高位到低位），从 $a[0]$（最高位）开始找到递增区间 $[5]$（注意这里数字串 a 的顺序与 d 的顺序相反），删除 5；找到递增区间 $[400]$，删除 4；再找到递增区间 $[3]$，删除 3，得到 $[1200]$，再删除前导 0 得到 $[12]$，转换为整数后是 21。

对应的完整程序如下：

```c
#include <stdio.h>
#include <string.h>
#define MAXN 20
void Delk(char a[],int k)              //在整数串 a 中删除 k 个数字
{   int i,m=strlen(a);
    if (k>=m)                          //k≥m 时全部删除
    {   a="";
        return;
    }
    while (k>0)                        //在 a 中删除 k 位
    {   for (i=0;i<m-1 && a[i]<=a[i+1];i++);    //找递增区间
        printf(" 删除 a[i]=%c\n",a[i]);
        strcpy(a+i,a+i+1);             //删除 a[i]
        k--;
        m--;
    }
    while (m>1 && a[0]=='0')           //删除前导 0
        strcpy(a,a+1);
}

void longtostr(long d,char a[])        //将 d 的各位放入 a 数组中
{   int i,n=0;
    char tmp;
    while (d>0)
    {   a[n++]='0'+d%10;
        d/=10;
    }
    a[n]='\0';
    for (i=0;i<n/2;i++)                //逆置,使 a[0]存放 d 的个位数字
    {   tmp=a[i];
        a[i]=a[n-i-1];
        a[n-i-1]=tmp;
    }
}
long strtolong(char a[])               //将 a 串转换为长整数
{   int i,m=strlen(a);
    long d=0;
```

```
        for (i=0;i<m;i++)
            d=d*10+(a[i]-'0');
        return d;
    }
int main( )
{   char a[MAXN];
    long d=5004321;
    int k=3;
    longtostr(d,a);
    printf("删除前:%ld\n",d);                //输出 5004321
    Delk(a,k);
    d=strtolong(a);
    printf("删除%d 个数字后:%ld\n",k,d);      //输出:21
    return 0;
}
```

上述程序的执行结果如图 2.30 所示。

图 2.30　实验程序执行结果

扩展题目：求解保留最大的数问题。

问题描述：给定一个十进制的正整数 N，选择从里面去掉一部分数字，希望保留下来的数字组成的正整数最大。

输入描述：输入为两行内容，第 1 行是正整数 $N(1 \leqslant N$ 的长度 $\leqslant 1000)$，第 2 行是希望去掉的数字个数 $n(1 \leqslant n < N$ 的长度)。

输出描述：输出保留下来的结果。

输入样例：

```
325
1
```

样例输出：

```
35
```

解：用字符串 N 存放输入的正整数字符串，从左到右找第一次出现比后面小的数字，找到后 i 就记录下这个数字的位置，然后删除这个位置的数字，直到删除的数字的个数为 n。

例如输入正整数字符串 N 为 "325"，$n=2$，先找到数 2，$i=1$，删除 2 后得到 N 为 "35"；再找到数 3，$i=0$，删除 3 后得到 N 为 "5"，最后输出 N。

对应的程序如下：

```
#include <iostream>
#include <string>
using namespace std;
int main()
{   string N;
    int n,i;
    cin >> N >> n;
    while (n--)                              //循环 n 次
    {   int len=N.length();
        for (i=0;i<len-1;i++)
            if (N[i]<N[i+1])
            {   N.erase(N.begin()+i);
                break;
            }
        if (i==len-1)
            N.erase(N.end()-1);              //删除最后数字
    }
    cout << N << endl;
    return 0;
}
```

2.7.3 实验3 求解汽车加油问题

已知一辆汽车加满油后可行驶 d（如 $d=7$）km，而旅途中有若干个加油站。编写一个实验程序指出应在哪些加油站停靠加油，使加油次数最少。用 a 数组存放各加油站之间的距离，例如 $a[]=\{2,7,3,6\}$，表示共有 $n=4$ 个加油站（加油站编号是 $0\sim n-1$），从起点到 0 号加油站的距离为 2km，依此类推。

解：采用贪心思路。汽车在行驶过程中应走到自己能走到并且离自己最远的那个加油站加油，然后按照同样的方法处理。

对应的完整程序如下：

```
#include <stdio.h>
//问题表示
int d=7;
int n=4;
int a[]={2,7,3,6};
//问题求解表示
int bestn=0;
void solve()                                 //求解汽车加油问题
{   int i,sum;
    for(i=0; i<n; i++)
    {   if(a[i]>d)                           //只要有一个距离大于 d 就没有解
        {   printf("没有解\n");
            return;
        }
    }
```

```
        for(i=0,sum=0;i<n;i++)
        {   sum += a[i];                              //累计行驶到i号加油站的距离
            if(sum>d)                                  //不能到i号加油站,则在i−1号加油站加油
            {   printf(" 在%d号加油站加油\n",i−1);
                bestn++;
                sum=a[i];                              //累计从i−1号加油站到i号加油站的距离
            }
        }
        printf(" 总加油次数:%d\n",bestn);
}
int main()
{   printf("求解结果\n");
    solve();
    return 0;
}
```

上述程序的执行结果如图 2.31 所示。

图 2.31　实验程序执行结果

2.7.4　实验 4　求解磁盘驱动调度问题

有一个磁盘请求序列给出了程序的 I/O 对各个柱面上数据块请求的顺序,例如一个请求序列为 $98,183,37,122,14,124,65,67,n=8$,请求编号为 $1\sim n$。如果磁头开始位于位置 C(假设不在任何请求的位置,例如 C 为 53)。最短寻道时间优先(SSTF)是一种移动磁头柱面数较小的调度算法。例如前面的请求序列,SSTF 算法的磁头移动柱面数为 236,而先来先服务(FCFS)算法的磁头移动柱面数为 640。编一个实验程序采用 SSTF 算法输出给定的磁盘请求序列的调度方案和磁头移动总数。

解:SSTF 算法中需要频繁查找当前磁头位置最近的没有访问的请求位置,所以采用贪心思路,将磁盘请求序列按位置递增排序。flag 数组标识请求是否访问过。对应的程序如下:

```
# include <stdio.h>
# include <string.h>
# include <algorithm>
using namespace std;
# define INF 0x3f3f3f3f
# define MAX 1001                        //最多请求个数
//问题表示
```

```
int n=8;                              //实际请求个数
int C=53;                             //磁头初始位置
struct NodeType                       //结点类型
{   int no;                           //请求编号
    int place;                        //柱面位置
};
NodeType A[MAX]={{1,98},{2,183},{3,37},{4,122},
                {5,14},{6,124},{7,65},{8,67} };
//求解结果表示
int ans=0;                            //存放总磁头移动数
bool flag[MAX];                       //表示请求是否访问
bool cmp(NodeType a,NodeType b)       //排序比较函数
{   if (a.place<b.place) return true;
    return false;                     //用于按柱面位置递增排序
}
void find(int i,int &minp,int &mind)  //查找最近没有访问的位置 minp
{   int minleftp, minleftd=INF;
    int minrightp,minrightd=INF;
    int j=i-1,k=i+1;
    while (j>=0 && flag[j]==true)
        j--;                          //向左边查找一个没有访问的位置 j
    if (j>=0)                         //查找成功
    {   minleftp=j;
        minleftd=A[i].place-A[j].place;
    }
    while (k<=n && flag[k]==true)
        k++;                          //向右查找一个没有访问的位置 k
    if (k<=n)                         //查找成功
    {   minrightp=k;
        minrightd=A[k].place-A[i].place;
    }
    if (minleftd<minrightd)           //比较查找最近的没有访问的位置
    {   mind=minleftd;
        minp=minleftp;
    }
    else
    {   mind=minrightd;
        minp=minrightp;
    }
}
int solve()                           //求解磁盘调度
{   sort(A,A+n+1,cmp);                //按柱面位置递增排序
    for (int i=0; i<=n; i++)          //查找磁头开始位置 i
        if (A[i].place==C)
            break;
    flag[i]=true;
    printf(" 当前位置%d[请求编号:%d]\n",A[i].place,A[i].no);
    for (int k=0; k<n; k++)           //执行 n 次
    {   int minp,mind;
```

```
        find(i,minp,mind);
        printf(" 移动到位置%d[请求编号:%d],移动距离:%d\n",
                A[minp].place,A[minp].no,mind);
        flag[minp]=true;                          //访问 minp 请求
        ans+=mind;                                //累计磁头移动数
        i=minp;                                   //从 minp 开始继续访问
    }
    return ans;
}
int main( )
{   A[n].no=0; A[n].place=C;                      //加入磁头初始位置
    printf("求解结果\n");
    memset(flag,0,sizeof(flag));                  //初始化 flag
    printf("SSTF算法磁头移动总数:%d\n",solve());
    return 0;
}
```

上述程序的执行结果如图 2.32 所示。

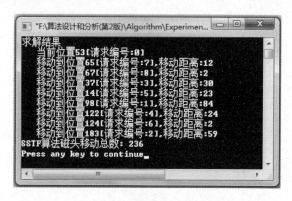

图 2.32　实验程序执行结果

2.7.5　实验 5　求解仓库设置位置问题

城市街道图如图 2.33 所示,所有街道都是水平或者垂直分布,假设水平和垂直方向均有 $m+1$ 条,任何两个相邻位置之间的距离为 1。在街道的十字路口有 n 个商店,图中的 $n=3$、$m=8$,3 个商店的坐标位置分别是 $(2,4)$、$(5,3)$ 和 $(6,6)$。现在需要在某个路口位置建立一个合用的仓库。若仓库位置为 $(3,5)$,那么这 3 个商店到仓库的路程(只能沿着街道行进)总长度最少是 10。设计一个算法找到仓库的最佳位置,使得所有商店到仓库的路程的总长度达到最短。

解:本题采用贪心思路而不是搜索所有可能的位置。设 n 个商店的坐标分别为 (x_0,y_0)、(x_1,y_1)、$\cdots$、(x_{n-1},y_{n-1}),将 X 坐标递增排序后为 x_0、x_1、$\cdots$、x_{n-1},可以证明仅考虑 X 方向,满足条件的商店的 X 坐标 midx 为其中

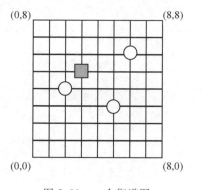

图 2.33　一个街道图

位数,将 Y 坐标递增排序后为 y_0、y_1、$\cdots$、y_{n-1},仅考虑 Y 方向,满足条件的商店的 Y 坐标 midy 为其中位数。由于 X、Y 方向是相互独立的,最终结果为(midx,midy)。对应的程序如下:

```
# include < stdio.h >
# define MAXN 100
//问题表示
int m=8, n=3;
int x[MAXN]={2,5,6};                          //n 个商店的 x 位置
int y[MAXN]={4,3,6};                          //n 个商店的 y 位置
int QuickSelect(int a[], int s, int t, int k)  //在 a[s..t]序列中找第 k 小的元素
{    int i=s, j=t;
     int tmp;
     if (s<t)                                 //区间内至少存在两个元素的情况
     {    tmp=a[s];                           //用区间的第 1 个记录作为基准
          while (i!=j)                        //从区间两端交替向中间扫描,直到 i=j 为止
          {    while (j>i && a[j]>=tmp)
                    j--;                      //从右向左扫描,找第 1 个关键字小于 tmp 的 a[j]
               a[i]=a[j];                     //将 a[j]前移到 a[i]的位置
               while (i<j && a[i]<=tmp)
                    i++;                      //从左向右扫描,找第 1 个关键字大于 tmp 的 a[i]
               a[j]=a[i];                     //将 a[i]后移到 a[j]的位置
          }
          a[i]=tmp;
          if (k-1==i) return a[i];
          else if (k-1<i) return QuickSelect(a,s,i-1,k);   //在左区间中递归查找
          else return QuickSelect(a,i+1,t,k);              //在右区间中递归查找
     }
     else if (s==t && s==k-1)                 //区间内只有一个元素且为 a[k-1]
          return a[k-1];
}
void main()
{    int midx, midy;
     if (n%2==0)                              //n 为偶数
     {    midx=QuickSelect(x,0,n-1,n/2);
          midy=QuickSelect(y,0,n-1,n/2);
     }
     else                                     //n 为奇数
     {    midx=QuickSelect(x,0,n-1,n/2+1);
          midy=QuickSelect(y,0,n-1,n/2+1);
     }
     printf("商店位置:(%d,%d)\n",midx,midy);    //输出(5,4)
}
```

上述算法的时间复杂度为 $O(n)$,属于高效算法。

2.8 第8章——动态规划

2.8.1 实验1 求解矩阵最小路径和问题

给定一个 m 行 n 列的矩阵,从左上角开始每次只能向右或者向下移动,最后到达右下角的位置,路径上的所有数字累加起来作为这条路径的路径和。编写一个实验程序求所有路径和中的最小路径和。例如,以下矩阵中的路径 1→3→1→0→6→1→0 是所有路径中路径和最小的,返回结果是12:

```
1 3 5 9
8 1 3 4
5 0 6 1
8 8 4 0
```

解:将矩阵用二维数组 a 存放,查找从左上角到右下角的路径,每次只能向右或者向下移动,所以结点 (i,j) 的前驱结点只有 $(i,j-1)$ 和 $(i-1,j)$ 两个,前者是水平走向(用 1 表示),后者是垂直走向(用 0 表示),如图 2.34 所示。

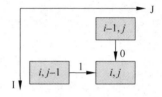

图 2.34 相邻结点到达 (i,j)

用二维数组 dp 作为动态规划数组,$dp[i][j]$ 表示从顶部 $a[0][0]$ 查找到 (i,j) 结点时的最小路径和。显然这里有两个边界,即第 1 列和第 1 行,达到它们中结点的路径只有一条而不是常规的两条。对应的状态转移方程如下:

```
dp[0][0]=a[0][0]
dp[i][0]=dp[i-1][0]+a[i][0]          //考虑第 1 列的边界,1≤i≤m-1
dp[0][j]=dp[0][j-1]+a[0][j]          //考虑第 1 行的边界,1≤j≤n-1
dp[i][j]=min(dp[i][j-1],dp[i-1][j])+a[i][j]   //其他有两条达到路径的结点
```

求出的 $dp[m-1][n-1]$ 就是最终结果 ans。为了求最小和路径,设计一个二维数组 pre,$pre[i][j]$ 表示查找到 (i,j) 结点时最小路径上的前驱结点,由于前驱结点只有水平(用 1 表示)和垂直(用 0 表示)走向两个,$pre[i][j]$ 根据路径走向取 1 或者 0。在求出 ans 后,通过 $pre[m-1][n-1]$ 反推求出反向路径,最后正向输出该路径。

对应的完整程序如下:

```
#include < stdio.h >
#include < vector >
using namespace std;
#define MAXM 100
#define MAXN 100
//问题表示
```

```
int a[MAXM][MAXN]={{1,3,5,9},{8,1,3,4},{5,0,6,1},{8,8,4,0}};
int m=4,n=4;
//求解结果表示
int ans;                                    //最小路径长度
int dp[MAXM][MAXN];
int pre[MAXM][MAXN];
void Minpath()                              //求最小和路径 ans
{   int i,j;
    dp[0][0]=a[0][0];
    for(i=1;i<m;i++)                        //计算第 1 列的值
    {   dp[i][0]=dp[i-1][0]+a[i][0];
        pre[i][0]=0;                        //垂直路径
    }
    for(j=1;j<n;j++)                        //计算第 1 行的值
    {   dp[0][j]=dp[0][j-1]+a[0][j];
        pre[0][j]=1;                        //水平路径
    }
    for(i=1;i<m;i++)                        //计算其他 dp 值
        for(j=1;j<n;j++)
        {   if (dp[i][j-1]<dp[i-1][j])
            {   dp[i][j]=dp[i][j-1]+a[i][j];
                pre[i][j]=1;
            }
            else
            {   dp[i][j]=dp[i-1][j]+a[i][j];
                pre[i][j]=0;
            }
        }
    ans=dp[m-1][n-1];
}

void Disppath()                             //输出最小和路径
{   int i=m-1,j=n-1;
    vector<int> path;                       //存放反向最小路径
    vector<int>::reverse_iterator it;
    while (true)
    {   path.push_back(a[i][j]);
        if (i==0 && j==0) break;
        if (pre[i][j]==1)j--;               //同行
        else i--;                           //同列
    }
    printf(" 最短路径: ");
    for (it=path.rbegin();it!=path.rend();++it)
        printf("%d ", *it);                 //反向输出构成正向路径
    printf("\n 最短路径和:%d\n",ans);
}

void main()
{   Minpath();                              //求最小路径和
    printf("求解结果\n");
    Disppath();                             //输出最小路径与最小路径和
}
```

上述程序的执行结果如图 2.35 所示。

图 2.35　实验程序执行结果

2.8.2　实验 2　求解添加最少括号数问题

括号序列由( )、{ }、[ ]组成,例如"((([{}]))()"是合法的,而"()()""(}()"和"({)}"都是不合法的。如果一个序列不合法,编写一个实验程序求添加的最少括号数,使这个序列变成合法的。例如,"(}()"最少需要添加 4 个括号变成合法的,即变为"()(){}()}"。

解:如果用 str 表示的括号字符串 S 中的括号不匹配,可以采用以下规则定义一个合法的括号序列。

(1) 空序列是合法的。

(2) 假如 S 是一个合法的序列,则(S)、$[S]$和$\{S\}$都是合法的。

(3) 假如 A 和 B 都是合法的,那么 AB 和 BA 也是合法的。

以 $dp[i][j]$ 表示把区间$[i,j]$添成合法括号所需的最少括号数,即设某段序列为 S,它的对应区间为$[i,j]$,需要添加的最少括号数为 $dp[i][j]$:

(1) 若 S 形如$(S1)$、$[S1]$或者$\{S1\}$,即令 $S1$ 合法后(所需的最少括号数为 $dp[i+1][j-1]$)S 可合法,也就是 $dp[i][j]=\min\{dp[i][j],dp[i+1][j-1]\}$。

(2) 若 S 形如$(S1$、$[S1$ 或者$\{S1$,即令 $S1$ 合法后(所需的最少括号数为 $dp[i+1][j]$)S 可在最后添加一个括号合法,也就是 $dp[i][j]=\min\{dp[i][j],dp[i+1][j]+1\}$。

(3) 同理,若 S 形如$S1)$、$S1]$或者$S1\}$,有 $dp[i][j]=\min\{dp[i][j],dp[i][j-1]+1\}$。

把长度大于 1 的序列 $S_iS_{i+1}\cdots S_{j-1}S_j$ 分为两部分(合并),即 $S_i\cdots S_k$(所需的最少括号数为 $dp[i][k]$)、$S_{k+1}\cdots S_j$(所需的最少括号数为 $dp[k+1][j]$),分别转化为规则序列,则有 $dp[i][j]=\min\{dp[i][j],dp[i][k]+dp[k+1][j]\}(i\leqslant k<j)$。

字符串 str 的下标 i、j、k 等都采用物理序号,即从 0 开始,所以对于字符串 str$[0..n-1]$,所需的最少括号数为 $dp[0][n-1]$(若 str 的所有括号是匹配的,返回结果为 0)。对应的完整程序如下:

```
# include <iostream>
# include <string>
using namespace std;
# define MAXN 101
# define INF 0x3f3f3f3f                       //∞
# define min(x,y) ((x)<(y)?(x):(y))
int Minbrack(string str)                      //求使 str 匹配所需添加的最少括号数
{   int dp[MAXN][MAXN];
    memset(dp,0,sizeof(dp));                  //dp 数组元素初始化为 0
```

```
        int n=str.size();
        for(int i=0; i<n; ++i)                    //一个括号需要添加一个匹配的括号
            dp[i][i]=1;
        for(int len=1; len<n; ++len)              //考虑长度为 len 的子序列
            for(int i=0; i<=n−len; ++i)           //处理[i..j]的子序列
            {   int j=len+i;
                dp[i][j]=INF;                     //首先设置为∞
                if ((str[i]=='(' && str[j]==')') || (str[i]=='[' && str[j]==']')
                || (str[i]=='{' && str[j]=='}'))    //考虑情况(1)
                    dp[i][j]=min(dp[i][j],dp[i+1][j−1]);
                else if (str[i]=='(' || str[i]=='[' || str[i]=='{')    //考虑情况(2)
                    dp[i][j]=min(dp[i][j],dp[i+1][j]+1);
                else if (str[j]==')' || str[j]==']' || str[j]=='}')    //考虑情况(3)
                    dp[i][j]=min(dp[i][j],dp[i][j−1]+1);
                for (int k=i;k<j;++k)             //合并
                    dp[i][j] = min(dp[i][j],dp[i][k]+dp[k+1][j]);
            }
        return dp[0][n−1];
}
void main( )
{   string str="(}()";
    cout << "求解结果" << endl;
    cout << " 字符串: " << str << endl;
    cout << " 需添加最少括号数: " << Minbrack(str) << endl;
    str="(()}()]";
    cout << " 字符串: " << str << endl;
    cout << " 需添加最少括号数: " << Minbrack(str) << endl;
}
```

上述程序的执行结果如图 2.36 所示。

图 2.36   实验程序执行结果

2.8.3   实验 3   求解买股票问题

"逢低吸纳"是炒股的一条成功秘诀,如果你想成为一个成功的投资者,就要遵守这条秘诀。"逢低吸纳,越低越买",这句话的意思是每次你购买股票时的股价一定要比你上次购买时的股价低。按照这个规则购买股票的次数越多越好,看看你最多能按这个规则买几次。

输入描述:第 1 行为整数 N ($1 \leq N \leq 5000$),表示能买股票的天数;第 2 行以下是 N 个正整数(可能分多行),第 i 个正整数表示第 i 天的股价。

　　输出描述:输出一行表示能够买进股票的最多天数。

　　输入样例:

```
12
68 69 54 64 68 64 70 67 78 62 98 87
```

　　样例输出:

```
4
```

　　解:本实验题目与《教程》中 8.6 节的求最长递增子序列长度的过程完全相同,仅仅改为求最长递减子序列的长度。对应的完整程序如下:

```
#include <stdio.h>
#define MAX 100
#define max(x,y) ((x)>(y)?(x):(y))
//问题表示
int a[]={68,69,54,64,68,64,70,67,78,62,98,87};
int n=sizeof(a)/sizeof(a[0]);
//求解结果表示
int ans=0;
int dp[MAX];
void solve(int a[],int n)                //求 dp
{   int i,j;
    for(i=0;i<n;i++)
    {   dp[i]=1;
        for(j=0;j<i;j++)
            if (a[i]<a[j])               //由求最长递增子序列长度的 a[i]>a[j]改为 a[i]<a[j]
                dp[i]=max(dp[i],dp[j]+1);
    }
    ans=dp[0];
    for(i=1;i<n;i++)                      //求出第一个最大的 dp[i]
        ans=max(ans,dp[i]);
}
void main()
{   solve(a,n);
    printf("%d\n",ans);                  //输出 4
}
```

2.8.4 实验 4 求解双核处理问题

　　问题描述:一种双核 CPU 的两个核能够同时处理任务,现在有 n 个已知数据量的任务需要交给 CPU 处理,假设已知 CPU 的每个核 1 秒可以处理 1KB,每个核同时只能处理一项任务,n 个任务可以按照任意顺序放入 CPU 进行处理。编写一个实验程序求出一个设计方案让 CPU 处理完这批任务所需的时间最少,求这个最少的时间。

　　输入描述:输入包括两行,第 1 行为整数 $n(1\leqslant n\leqslant 50)$,第 2 行为 n 个整数 length[i]

（1024≤length[i]≤4194304），表示每个任务的长度为 length[i]KB,每个数均为 1024 的倍数。

输出描述：输出一个整数，表示最少需要处理的时间。

输入样例：

```
5
3072 3072 7168 3072 1024
```

样例输出：

```
9216
```

解：完成 n 个任务需要 sum 时间，放入两个核中执行，假设第一个核的处理时间为 n1,第二个核的处理时间为 sum−n1,并假设 n1≤sum/2,sum−n1≥sum/2,要使处理时间最小,则 n1 越来越靠近 sum/2,最终目标是求 max(n1,sum−n1)的最大值。

这样转换为 0/1 背包问题：已知最大容纳时间为 sum/2,有 n 个任务，每个任务有其完成时间，求最大完成时间。采用动态规划求解,dp[j]表示在容量为 j 的情况下可存放的重量,如果不放 length[i]重量为 dp[j],如果放 length[i]重量为 dp[j−length[i]]＋length[i]。

对应的完整程序如下：

```cpp
#include <vector>
#include <iostream>
using namespace std;
#define max(x,y) ((x)>(y)?(x):(y))
//问题表示
int n;
vector<int> length;
void solve()                            //求解双核处理问题
{   int i,j;
    int sum=0;                          //求所有任务的长度和
    for(i=0; i<n; i++)
    {   length[i]=length[i] >> 10;      //改为以 KB 为单位
        sum=sum+length[i];
    }
    vector<int> dp(sum/2+1,0);          //动态规划数组,所有元素初始化为 0
    for(i=0; i<n; i++)
    {   for(j=sum/2; j>=length[i]; j--)
            dp[j]=max(dp[j], dp[j-length[i]]+length[i]);
    }
    int ans=max(dp[sum/2],sum-dp[sum/2]);
    cout << (ans << 10) << endl;
}
int main()
{   int h;
    while(cin >> n)                     //输入 n
    length.clear();
    {   for(int i=0; i<n; i++)          //输入 height
```

```
        {   cin >> h;
            length. push_back(h);
        }
        solve();
    }
    return 0;
}
```

2.8.5　实验5　求解拆分集合为相等的子集合问题

问题描述：将1～n的连续整数组成的集合划分为两个子集合，且保证每个集合的数字和相等。例如，对于$n=4$，对应的集合$\{1,2,3,4\}$能被划分为$\{1,4\}$、$\{2,3\}$两个集合，使得$1+4=2+3$，且划分方案只有这一种。编程实现给定任一正整数$n(1{\leqslant}n{\leqslant}39)$，输出其符合题意的划分方案数。

输入样例1：3

样例输出1：1　　　（可划分为$\{1,2\}$、$\{3\}$）

输入样例2：4

样例输出2：1　　　（可划分为$\{1,3\}$、$\{2,4\}$）

输入样例3：7

样例输出3：4　　　（可划分为$\{1,6,7\}$、$\{2,3,4,5\}$，或$\{1,2,4,7\}$、$\{3,5,6\}$，或$\{1,3,4,6\}$、$\{2,5,7\}$，或$\{1,2,5,6\}$、$\{3,4,7\}$）

解：观察子集合的和，对于任一正整数n，集合$\{1,2,3,\cdots,n\}$的和为$\text{sum}=n(n+1)/2$。若sum不是2的倍数，则不能划分为两个数字和相等的子集合。

若sum是2的倍数，假设划分为子集合A和B，每个子集合的数字和为sum/2，所以取sum$=$sum/2，设置二维动态规划数组dp，dp$[i][j]$表示$\{1,2,\cdots,i\}$的整数集合划分为子集合A的一个数字和为j的划分方案数，首先将dp的所有元素设置为0，对应的状态转移方程如下：

```
dp[i][0]=1                          i>0,子集合 A 为空的情况
dp[i][j]=dp[i-1][j]                 i>sum 时,不能将整数 i 添加到子集合 A 中
dp[i][j]=dp[i-1][j]+dp[i-1][j-i]   i≤sum 时,分为将整数 i 添加到子集合 A 中或者 B 中
```

最终结果为dp$[n][\text{sum}]$，考虑子集合A和B的对称性，正确的划分方案数为dp$[n][\text{sum}]/2$。对应的完整程序如下：

```
# include < stdio. h >
# include < string. h >
# define MAXN 45
# define MAXS MAXN * MAXN/2
//问题表示
int n;
int solve()
{   int i,j;
    int sum=n * (n+1)/2;
```

```
        if (sum%2!=0)
            return 0;
        sum=sum/2;
        int dp[MAXN][MAXS];
        memset(dp,0,sizeof(dp));
        for (i=0;i<=n;i++)
            dp[i][0]=1;
        for (i=1;i<=n;i++)
            for (j=1;j<=sum;j++)
                if (i>sum)
                    dp[i][j]=dp[i-1][j];
                else
                    dp[i][j]=dp[i-1][j]+dp[i-1][j-i];
        return dp[n][sum]/2;
}
int main()
{   scanf("%d",&n);
    printf("%d\n",solve());
    return 0;
}
```

由于 dp$[i][j]$仅仅与 dp$[i-1][*]$相关,可以采用滚动数组,即将 dp 改为一维数组,dp$[j]$表示子集合 A 的一个数字和为 j 的划分方案数。

例如给定集合$\{1,2,3\}$,sum$=3*2/2=3$,那么可以挑选元素和为 2 的子集合 A 再添加 1(A 中之前不含 1),可以挑选元素和为 1 的子集合 A 再添加 2(A 中之前不含 2),也就是说,对于考虑的整数 $i(1\leq i\leq 3)$,dp$[3]$应该是没有添加 i 前的 dp$[3]$加上添加 i 的 dp$[3-i]$,对应的状态转移方程如下:

```
dp[0]=1
dp[j]=dp[j]+dp[j-i]   j≥i
```

对应的算法如下:

```
int solve1()
{   int i,j;
    int sum=n*(n+1)/2;
    if (sum%2!=0)
        return 0;
    sum=sum/2;
    int dp[MAXS];
    memset(dp,0,sizeof(dp));
    dp[0]=1;
    for (i=1;i<=n;i++)
        for (j=sum;j>=i;j--)
            dp[j]+=dp[j-i];
    return dp[sum]/2;
}
```

2.8.6　实验 6　求解将集合部分元素拆分为两个元素和相等且尽可能大的子集合问题

问题描述：有 n 个正整数，可能有重复，现在要找出两个不相交的子集 A 和 B，A 和 B 不必覆盖所有元素，使 A 中元素的和 SUM(A) 与 B 中元素的和 SUM(B) 相等，且 SUM(A) 和 SUM(B) 尽可能大。求其中元素和最小的集合的元素和。

解：本题采用动态规划法求解，具有较高难度，与《教程》中 3.8 节的在线编程题 6 类似。用 $a[1..n]$ 存放 n 个正整数，设 $dp[i][j]$ 为由 $a[1..i-1]$ 构造的两个子集的差的绝对值为 j 对应的较小的那个子集的最大元素和。

不妨假设 SUM(A) 比较小。首先求出 a 中的所有元素和 sum，将 dp 的所有元素设置为 -1。当考虑 $a[i]$ 元素时有 4 种情况：

(1) 跳过 $a[i]$（即 $a[i]$ 既不添加到 A 中也不添加到 B 中），对应有 $dp[i][j]=dp[i-1][j]$。

(2) 将 $a[i]$ 添加到 A 中，添加后 SUM(A)<SUM(B)，其条件是 $j+a[i]<=$ sum && $dp[i-1][j+a[i]]>=0$，前一个条件表示 $a[i]$ 添加到 A 后两个子集对应元素和的差小于 sum（实际上由于 a 中的所有元素为正整数，可以删除该条件），后一个条件表示 $(i-1,j+a[i])$ 是一个正确的状态（-1 表示的是不正确的状态），对应有 $dp[i][j]=\max(dp[i][j],$ $dp[i-1][j+a[i]]+a[i])$。

(3) 将 $a[i]$ 添加到 A 中，添加后 SUM(A)>SUM(B)，其条件是 $a[i]-j>=0$ && $dp[i-1][a[i]-j]>=0$，前一个条件表示当 $a[i]$ 添加到 A 中出现 SUM(A)>SUM(B)，对应有 $dp[i][j]=\max(dp[i][j],dp[i-1][a[i]-j]+a[i]-j)$。

(4) 将 $a[i]$ 添加到 B 中，其条件是 $j-a[i]>=0$ && $dp[i-1][j-a[i]]>=0$，前一个条件表示 SUM(B)>SUM(A)，对应有 $dp[i][j]=\max(dp[i][j],dp[i-1][j-a[i]])$。

最后 $dp[n][0]$ 表示 SUM(A)=SUM(B) 时 SUM(A) 的值，若为 0 表示无解。对应的完整程序如下：

```c
# include <stdio.h>
# include <string.h>
# define max(x,y)  ((x)>(y)?(x):(y))
# define MAXN 101                         //最多的元素个数
# define MAXS 1000                        //最大的集合元素差
//问题表示
int n=5;
int a[MAXN]={0,1,2,3,4,5};               //下标 0 不用
int dp[MAXN][MAXS];
int solve()
{    int i,j,sum=0;
     memset(dp,-1,sizeof(dp));
     for (i=1;i<=n;i++)
         sum+=a[i];
     dp[0][0]=0;
     for(i=1;i<=n;i++)                     //扫描所有元素
     {    for(j=0;j<=sum;j++)              //枚举绝对值差
```

```
    {    dp[i][j]=dp[i−1][j];                        //不添加 a[i]
        if(j+a[i]<=sum && dp[i−1][j+a[i]]>=0)
            //添加到 A 中,添加后 SUM(A)<SUM(B)
            dp[i][j]=max(dp[i][j],dp[i−1][j+a[i]]+a[i]);
        if(a[i]−j>=0 && dp[i−1][a[i]−j]>=0)
            //添加到 A 中,添加后 SUM(A)>SUM(B)
            dp[i][j]=max(dp[i][j],dp[i−1][a[i]−j]+a[i]−j);
        if(j−a[i]>=0 && dp[i−1][j−a[i]]>=0)
            //添加到 B 中
            dp[i][j]=max(dp[i][j],dp[i−1][j−a[i]]);
        }
    }
    return dp[n][0];
}
void main( )
{    int ans=solve();
    if (ans==0)
        printf("没有解\n");
    else
        printf("最小的元素和 SUM(A)=%d\n",ans);        //输出: 7
}
```

2.9 第9章——图算法设计

2.9.1 实验1 求解自行车慢速比赛问题

问题描述:一个美丽的小岛上有许多景点,景点之间有一条或者多条道路。现在进行自行车慢速比赛(最慢的选手获得冠军),工作人员在道路上标出自行车的单向行驶方向,所有比赛线路不会出现环,选手不能在中途的任何地方停下来,否则犯规,退出比赛。首先给定一行两个整数 N 和 M,N 为岛上的景点数(景点编号为 $0 \sim N-1$,$N \leqslant 100$),接下来的 M 行,每行为 a、b、l,表示景点 a 和景点 b 之间的单向路径长度为 l(l 为整数)。最后一行为 s 和 t,表示比赛的起点 s 和终点 t。所有选手水平高超,都能够以自行车的最低速度行驶,并且所有自行车的最低速度相同。问冠军所走的路径长度是多少?假设只有一组测试数据。

解:用邻接矩阵 A 存放图,本题是求从起点 s 到终点 t 的最长路径长度。由于图中没有环,可以将所有边的权改为负值,即将 $A[i][j]$ 改为 $-A[i][j]$,然后采用贝尔曼-福特算法求出顶点 s 到其他顶点的最短路径长度 dist,即 $\mathrm{dist}[t]$ 就是负权下顶点 s 到其他顶点的最短路径长度,或者说 $-\mathrm{dist}[t]$ 就是正权下顶点 s 到其他顶点的最长路径长度。对应的程序如下:

```
# include < stdio. h >
# define INF 0x3f3f3f3f                        //定义∞
# define MAXV 101
```

```
int A[MAXV][MAXV];                      //图的邻接矩阵
int n,m;
int s,t;
int dist[MAXV];
void BellmanFord(int v)                 //贝尔曼—福特算法
{   int i,k,u;
    for (i=0;i<n;i++)
        dist[i]=A[v][i];                //对 dist1[i]初始化
    for (k=2;k<n;k++)                   //从 dist1[u]循环 n−2 次递推出其他 dist[u]
    {   for (u=0;u<n; u++)              //修改所有非顶点 v 的 dist[]值
        {   if (u!=v)
            {   for (i=0;i<n;i++)
                {   if (A[i][u]<INF && dist[u]>dist[i]+A[i][u])
                        dist[u]=dist[i]+A[i][u];
                }
            }
        }
    }
}
int main( )
{   int i,j;
    int a,b,l;
    scanf("%d%d",&n,&m);               //输入 n、m
    for (i=0;i<n;i++)                   //初始化邻接矩阵
        for (j=0;j<n;j++)
            if (i==j)
                A[i][j]=0;
            else
                A[i][j]=INF;
    for (i=0;i<m;i++)                   //输入边
    {   scanf("%d%d%d",&a,&b,&l);
        A[a][b]=−l;
    }
    scanf("%d%d",&s,&t);               //输入 s 和 t
    BellmanFord(s);                    //采用 BellmanFord 算法求从 s 出发的最短路径
    printf("%d\n",−dist[t]);           //输出结果
    return 1;
}
```

说明：本题不能用 Dijkstra 算法替代 BellmanFord 算法求解，因为 Dijkstra 算法不适合负权的情况，但可以用 SPFA 算法。

2.9.2　实验 2　求解股票经纪人问题

问题描述：股票经纪人要在一群人(n 个人的编号为 $0\sim n-1$)中散布一个传言，传言只在认识的人中间传递。题目中给出了人与人的认识关系以及传言在某两个认识的人中传递所需要的时间。编写程序求出以哪个人为起点可以在耗时最短的情况下让所有人收到消息。

例如，$n=4$（人数），$m=4$（边数），4 条边如下。

```
0 1 2
0 2 5
0 3 1
2 3 3
```

输出：3

解：利用 Floyd 算法求出所有人（顶点）之间传递消息的最短时间（即最短路径长度），然后求出每个人 i 传递消息到其他所有人的最短时间的最大值（该时间表示从 i 开始传递消息到其他所有人所需要的时间），再在这些最大值中求出最小值对应的人 mini 即为所求。对应的完整程序如下：

```
#include <stdio.h>
#include <string.h>
#define INF 32767              //定义∞
#define MAXV 105               //最大顶点个数
int A[MAXV][MAXV];             //在所有人之间传递的时间和最短路径长度
int n;                         //人数
void Floyd()                   //用 Floyd 算法求所有顶点的最短路径长度
{   int i,j,k;
    for (k=0;k<n;k++)          //依次考察所有顶点
    {   for (i=0;i<n;i++)
            for (j=0;j<n;j++)
                if (A[i][j]>A[i][k]+A[k][j])
                    A[i][j]=A[i][k]+A[k][j];    //修改最短路径长度
    }
}
int Minp()                     //求题目要求的人的编号
{   int i,j,mm;
    int mini=-1,mint=INF;
    for (i=0;i<n;i++)
    {   mm=0;
        for (j=0;j<n;j++)      //求顶点 i 到其他顶点的最短路径长度
            mm=A[i][j]>mm?A[i][j]:mm;
        if (mm<mint)           //求最短路径长度的顶点 mini
        {   mint=mm;
            mini=i;
        }
    }
    if (mini==-1)              //图不连通的情况
        return -1;
    else
        return mini;
}
int main()
{   int i,j,t,m;
    int a,b;
```

```
    while (true)
    {    scanf("%d",&n);                          //输入人数
         if (n<=0) break;                         //以 n 小于等于 0 表示结束
         scanf("%d",&m);                          //输入边数
         for (i=0;i<n;i++)                        //初始化 A
         {    for (j=0;j<n;j++)
                    A[i][j]=INF;
              A[i][i]=0;
         }
         while (m--)
         {    scanf("%d%d%d",&a,&b,&t);
              A[a][b]=A[b][a]=t;
         }
         Floyd();                                 //调用 Floyd 算法
         printf("%d\n",Minp());
    }
    return 0;
}
```

2.9.3　实验3　求解最大流最小费用问题

采用《教程》中例 9.4 的网络创建方式求最大流最小费用,并以《教程》中图 9.25 所示的网络进行测试,假设单位流量费用均为 1。

解：先创建网络图,采用 SPFA 算法求最短路径(即增广路径),在增广路径中增加流量时累计最大流 maxf 和最小费用 mincost。以《教程》中图 9.25 所示的网络为测试数据,对应的完整程序如下:

```
#include <iostream>
#include <vector>
#include <queue>
using namespace std;
#define min(x,y) ((x)<(y)?(x):(y))
#define N 101
#define INF 0x3f3f3f3f
//问题表示
int n,s,t;                                   //网络的顶点个数和边数
struct Edge                                  //边类型
{    int from,to;                            //一条边(from,to)
     int flow;                               //边的流量
     int cap;                                //边的容量
     int cost;                               //边的单位流量费用
};
vector<Edge> edges;                          //存放网络中的所有边
vector<int> G[N];                            //邻接表,G[i][j]表示顶点 i 的第 j 条边在
                                             //edges 数组中的下标求解结果表示
int maxf=0;                                  //最大流量(这里没有使用,用于说明求最大流量的过程)
int mincost=0;                               //最大流量的最小费用
```

```
bool visited[N];
int pre[N],a[N],dist[N];
void Init()                                    //初始化
{    for (int i=0; i<n; i++)                   //删除顶点的关联边
         G[i].clear();
     edges.clear();                            //删除所有边
}
void AddEdge(int from,int to,int cap,int cost) //添加一条边
{    Edge temp1 = {from,to,0,cap,cost};        //前向边,初始流为 0
     Edge temp2 = {to,from,0,0,-cost};         //后向边,初始流为 0
     edges.push_back(temp1);                   //添加前向边
     G[from].push_back(edges.size()-1);        //前向边的位置
     edges.push_back(temp2);                   //添加后向边
     G[to].push_back(edges.size()-1);          //后向边的位置
}
bool SPFA()                                    //用 SPFA 算法求 cost 最小的路径
{    for (int i=0; i<n;i++)                     //初始化 dist 设置
         dist[i]=INF;
     dist[s]=0;
     memset(visited,0,sizeof(visited));
     memset(pre, -1, sizeof(pre));
     pre[s]=-1;                                //起点的前驱为-1
     queue<int> qu;                            //定义一个队列
     qu.push(s);
     visited[s]=1;
     a[s]=INF;
     while (!qu.empty())                       //队列不空时循环
     {    int u=qu.front(); qu.pop();
          visited[u]=0;
          for (int i=0; i<G[u].size();i++)     //查找顶点 u 的所有关联边
          {    Edge &e=edges[G[u][i]];         //关联边 e=(u,G[u][i])
               if (e.cap>e.flow && dist[e.to]>dist[u]+e.cost)   //松弛
               {    dist[e.to]=dist[u]+e.cost;
                    pre[e.to]=G[u][i];         //顶点 e.to 的前驱顶点为 G[u][i]
                    a[e.to]=min(a[u], e.cap-e.flow);
                    if (!visited[e.to])        //e.to 不在队列中
                    {    qu.push(e.to);        //将 e.to 进队
                         visited[e.to]=1;
                    }
               }
          }
     }
     if (dist[t]==INF)                         //找不到终点,返回 false
         return false;
     maxf+=a[t];                               //累计最大流量
     mincost += dist[t] * a[t];                //累计最小费用
     for (int j=t; j!=s; j=edges[pre[j]].from) //调整增广路径中的流量
     {    edges[pre[j]].flow += a[t];          //前向边增加 a[t]
          edges[pre[j]+1].flow -= a[t];        //后向边减少 a[t]
```

```
        }
            return true;                         //找到终点,返回 true
    }
    void MinCost( )                              //求出到 t 的最小费用
    {
            while (SPFA( ));                     //SPFA算法返回"真"则继续
    }
    int main( )
    {   n=6;                                     //顶点个数
        s=0; t=n-1;
        Init( );
        AddEdge(0,1,3,1);                        //插入边,cost=1 表示流量费用均为 1
        AddEdge(0,2,3,1);
        AddEdge(1,3,2,1);
        AddEdge(1,4,3,1);
        AddEdge(2,3,2,1);
        AddEdge(4,5,3,1);
        AddEdge(3,5,3,1);
        MinCost( );
        printf("求解结果\n");
        cout << " 最大网络流: " << maxf << endl;
        cout << " 最小费用: " << mincost << endl;
        return 0;
    }
```

上述程序的执行结果如图 2.37 所示。

图 2.37　实验程序执行结果

2.10　第 10 章——计算几何

2.10.1　实验 1　求解判断三角形类型问题

问题描述:给定三角形的 3 条边 a、b、c,判断该三角形的类型。

输入描述:测试数据有多组,每组输入三角形的 3 条边。

输出描述:对于每组输入,输出直角三角形、锐角三角形或钝角三角形。

输入样例：

```
3 4 5
```

样例输出：

```
直角三角形
```

解：最长边对应最大角，对 3 条边 $e[0..2]$ 按递增排序，求出 result$=e[0]^2+e[1]^2-e[2]^2$，根据 result 可以确定三角形的类型。对应的完整程序如下：

```cpp
# include < iostream >
# include < algorithm >
# include < math.h >
using namespace std;
int main()
{   double e[3];
    while(cin >> e[0] >> e[1] >> e[2])
    {   sort(e,e+3);                            //排序
        double result=pow(e[0],2)+pow(e[1],2)-pow(e[2],2);
        if(result == 0)
            cout << "直角三角形" << endl;
        else if(result > 0)
            cout << "锐角三角形" << endl;
        else
            cout << "钝角三角形" << endl;
    }
    return 0;
}
```

2.10.2　实验 2　求解凸多边形的直径问题

所谓凸多边形的直径，即凸多边形任意两个顶点的最大距离。设计一个算法，输入一个含有 n 个顶点的凸多边形，且顶点按逆时针方向依次输入，求其直径，要求算法的时间复杂度为 $O(n)$，并用相关数据进行测试。

解：采用旋转卡壳法算法求凸多边形的直径。对应的完整程序如下：

```cpp
# include < algorithm >
# include < vector >
using namespace std;
# include < stdio.h >
# include < math.h >
class Point //点类
{
public:
    double x;                        //行坐标
    double y;                        //列坐标
```

```
            Point() {}                                    //默认构造函数
            Point(double x1,double y1)                    //重载构造函数
            {   x=x1;
                y=y1;
            }
            void disp()
            {   printf("(%g,%g) ",x,y); }
            friend Point operator -(Point &p1,Point &p2); //重载-运算符
};
Point operator -(Point &p1,Point &p2)                     //重载-运算符
{
            return Point(p1.x-p2.x,p1.y-p2.y);
}

double Det(Point p1,Point p2)                             //两个向量的叉积
{
            return p1.x*p2.y-p1.y*p2.x;
}

double Distance(Point p1,Point p2)                        //两个点之间的距离
{
            return sqrt((p1.x-p2.x)*(p1.x-p2.x)+(p1.y-p2.y)*(p1.y-p2.y));
}

double Diameter(vector<Point> ch)                         //求直径
{   int i,j,m=ch.size();
    double maxdist=0.0,d1,d2;
    ch.push_back(ch[0]);
    j=1;
    for (i=0;i<m;i++)
    {   while (fabs(Det(ch[i]-ch[i+1],ch[j+1]-ch[i+1]))>
                    fabs(Det(ch[i]-ch[i+1],ch[j]-ch[i+1])))
              j=(j+1)%m;
        d1=Distance(ch[i],ch[j]);
        if (d1>maxdist)
              maxdist=d1;
        d2=Distance(ch[i+1],ch[j]);
        if (d2>maxdist)
              maxdist=d2;
    }
    return maxdist;
}

void main()
{   vector<Point> ch;                                     //建立一个凸多边形
    vector<Point>::iterator it;
    ch.push_back(Point(3,0));
    ch.push_back(Point(8,1));
    ch.push_back(Point(9,7));
    ch.push_back(Point(4,10));
    ch.push_back(Point(1,6));
    printf("一个凸多边形的点集:");
    for (it=ch.begin();it!=ch.end();it++)
        (*it).disp();
    printf("\n 直径=%g\n",Diameter(ch));
}
```

2.11　第 11 章——概率算法和近似算法 ✳

问题描述：给定一个含 n 个整数的 a，编写一个实验程序随机打乱数组 a 的程序，并通过概率分析说明算法的正确性。

解：首先从所有元素中选取一个元素与 $a[0]$ 交换，然后在 $a[1..n-1]$ 中选择一个元素与 $a[1]$ 交换，依此类推。对应的完整程序如下：

```c
#include <stdio.h>
#include <stdlib.h>          //包含产生随机数的库函数
#include <time.h>
void swap(int &x, int &y)    //交换
{   int tmp=x;
    x=y; y=tmp;
}
void random(int a[], int n)
{   for (int i=0; i<n; i++)
    {   int j=rand() % (n-i)+i;   //产生[i,n-1]的随机数 j
        if (j!=i) swap(a[i],a[j]);
    }
}
void main()
{   int n=5;
    int a[]={1,2,3,4,5};
    srand((unsigned)time(NULL));    //随机种子
    for (int num=1;num<=10;num++)    //产生 10 个随机序列
    {   random(a,5);
        printf("随机序列%d: ",num);
        for (int i=0; i<n; i++)
            printf("%d ", a[i]);
        printf("\n");
    }
}
```

上述程序的一次执行结果如图 2.38 所示。

图 2.38　实验程序执行结果

　　每个元素在第一个的位置是 $1/n$，这是毫无疑问的。第一次交换时，一个元素不在第一个位置的概率是 $(n-1)/n$。所以当第二次交换时，一个元素在第二个位置的概率是 $(n-1)/n * 1/(n-1)=1/n$。同时，一个元素不在第一个、第二个位置的概率是 $(n-2)/n$。那么在第三次交换时，一个元素在第三个位置的概率就是 $(n-2)/n * 1/(n-2)=1/n$。依此类推，每个元素在每个位置的概率均为 $1/n$。

第 3 章

在线编程题及参考答案

3.1 第1章——概论 ✳

3.1.1 在线编程题1 求解两种排序方法问题

问题描述：考拉有 n 个字符串，任意两个字符串的长度都是不同的。考拉最近在学习两种字符串的排序方法。

(1) 根据字符串的字典序排序：例如"car" < "carriage" < "cats" < "doggies < "koala"。

(2) 根据字符串的长度排序：例如"car" < "cats" < "koala" < "doggies" < "carriage"。

考拉想知道自己的这些字符串的排列顺序是否满足这两种排序方法，但考拉又要忙着吃树叶，所以需要你来帮忙验证。

输入描述：输入的第 1 行为字符串的个数 $n(n \leqslant 100)$，接下来的 n 行，每行一个字符串，字符串长度都小于 100，均由小写字母组成。

输出描述：如果这些字符串是根据字典序排列而不是根据长度排列，输出"islexicalorder"；如果是根据长度排列而不是根据字典序排列，输出"lengths"；如果两种方式都符合输出"both"，否则输出"none"。

输入样例：

```
3
a
aa
bbb
```

样例输出：

```
both
```

解：主数据（即 n 个字符串）采用 vector < string >向量 vec 存储，设计 islexicalorder( )函数用于判断 vec 是否按照字典序排序，islengthorder( )函数用于判断 vec 是否按照字符串大小排序。调用这两个函数，最后根据函数调用返回的结果输出相应的结果字符串。对应的完整程序如下：

```
# include < iostream >
# include < string >
# include < vector >
using namespace std;
//求解问题表示
vector < string > vec;                    //存储主数据
int n;                                    //输入的字符串个数
bool islexicalorder( )                    //判断 vec 是否按照字典序排序
{    int i=0;
     while (i < vec. size( )－1)
```

```
    {   if(vec[i].compare(vec[i+1])>0)
            return false;
        i++;
    }
    return true;
}
bool islengthorder()                        //判断 vec 是否按照字符串大小排序
{   int i=0;
    while(i<vec.size()-1)
    {   if(vec[i+1].size()<vec[i].size())
            return false;
        i++;
    }
    return true;
}
int main()
{   string s;
    bool flag1,flag2;
    cin >> n;                               //输入 n
    for (int i=0;i<n;i++)
    {   cin >> s;                           //输入一个字符串
        vec.push_back(s);                   //添加到 vec 字符串向量中
    }
    flag1=islexicalorder();
    flag2=islengthorder();
    if(flag1 && flag2)
        cout << "both";
    else if(flag1)
        cout << "islexicalorder";
    else if(flag2)
        cout << "lengths";
    else
        cout << "none";
    return 0;
}
```

3.1.2　在线编程题 2　求解删除公共字符问题

问题描述：输入两个字符串，从第一个字符串中删除第二个字符串中的所有字符。例如输入"They are students."和"aeiou"，则删除之后的第一个字符串变成"Thy r stdnts."。

输入描述：每个测试输入包含两个字符串。

输出描述：输出删除后的字符串。

输入样例：

```
They are students.
aeiou
```

样例输出：

Thy r stdnts.

解：用 stra 和 strb 存放两个字符串,用 map 容器 mymap 累计 strb 中字符出现的次数,最后输出 stra 中不属于 strb 的所有字符。对应的完整程序如下：

```cpp
#include <iostream>
#include <string>
#include <map>
using namespace std;
void Delete(string stra, string strb)      //输出 stra 中不属于 strb 的所有字符
{   map <char, int> mymap;
    for (int i=0; i<strb.length(); i++)
        mymap[strb[i]]++;
    for (int j=0; j<stra.length(); j++)
        if (mymap[stra[j]]==0)
            cout << stra[j];
}
int main()
{   string stra;
    string strb;
    while(getline(cin, stra))
    {   getline(cin, strb);
        Delete(stra, strb);
        cout << endl;
    }
    return 0;
}
```

3.1.3　在线编程题3　求解移动字符串问题

问题描述：设计一个函数将字符串中的字符'*'移到串的前面部分,前面的非'*'字符后移,但不能改变非'*'字符的先后顺序,函数返回串中字符'*'的数量。如原始串为"ab**cd**e*12",处理后为"*****abcde12",函数返回值为5(要求使用尽量少的时间和辅助空间)。

输入描述：输入的第1行为字符串的个数 $n(n \leqslant 100)$,接下来的 n 行,每行一个字符串,字符串长度都小于100,均由小写字母组成。

输出描述：对于每个字符串,输出两行,第1行为转换后的字符串,第2行为字符串中字符'*'的数量。

输入样例：

ab**cd**e*12

样例输出：

```
***** abcde12
5
```

解：字符串 s 采用 string 容器存储，将 $s[0..n-1]$ 分为两个区间，如图 3.1 所示。用 i 表示"不为 * 区间"的第一个元素的下标，初始值为 n，$s[0..j-1]$ 表示"为 * 区间"，j 从后向前扫描（j 的初始值为 $n-1$）。当 $s[j] \neq$ '*' 时，$i--$ 扩大"不为 * 区间"，交换 $s[i]$ 与 $s[j]$（将不为 '*' 的字符交换到后面），$j--$ 继续扫描。最后返回的 i 即为 * 的元素个数。该算法的时间复杂度为 $O(n)$、间复杂度为 $O(1)$。

对应的完整程序如下：

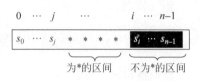

图 3.1 将字符串 s 分为两个区间

```cpp
#include <iostream>
#include <string>
using namespace std;
//问题表示
int n;
string str;
void swap(char &x, char &y)              //交换 x 和 y
{   char tmp=x;
    x=y; y=tmp;
}

int Move(string &s)                      //移动字符串 s 中的 ' * '字符
{   int i=s.length(), j=s.length()-1;
    while (j>=0)                          //j 扫描所有元素
    {   if (s[j]!='*')                    //找到不为 * 的元素 s[j]
        {   i--;                          //扩大不为 * 的区间
            if (i!=j)
                swap(s[i], s[j]);         //将 s[j]交换到不为 * 区间的前面
        }
        j--;                             //继续扫描
    }
    return i;
}
int main()
{   cin >> n;
    for (int i=0; i<n; i++)
    {   cin >> str;
        int j=Move(str);
        cout << str << endl;
        cout << j << endl;
    }
    return 0;
}
```

3.1.4　在线编程题 4　求解大整数相乘问题

问题描述：有两个用字符串表示的非常大的大整数,算出它们的乘积,也用字符串表示,不能用系统自带的大整数类型。

输入描述：由空格分隔的两个字符串代表输入的两个大整数。

输出描述：输入的乘积用字符串表示。

输入样例：

```
72106547548473106236   982161082972751393
```

样例输出：

```
70820244829634538040848656466105986748
```

解：表示非常大的大整数的两个字符串用 string 容器 str1 和 str2 存放,将各位转化为整数分别存放在 a 和 b 数组中,将 a 的每一位与 b 的所有位相乘,结果存放在 r 数组中,最后从最高非 0 位开始输出 r 的所有元素。

对应的完整程序如下：

```cpp
# include < iostream >
# include < string >
using namespace std;
# define N 10002
//问题表示
string str1, str2;
int a[N], b[N];
//求解结果表示
int r[N];
void solve(int a[], int b[], int n, int m)        //求 a 和 b 相乘的结果 r
{    memset(r, 0, sizeof(r));                      //初始化 r 的所有元素为 0
    for (int i=0; i<n; i++)
    {    for (int j=0; j<m; j++)
        {    int k=i+j;                            //a[i] * b[j]放在 r[k]中
            r[k] += a[i] * b[j];                   //对应位数字相乘
            while(r[k]>9)                          //有进位
            {    r[k+1]+=r[k]/10;
                r[k] %= 10;
                k++;
            }
        }
    }
}
int main()
{    int i;
    while (cin >> str1 >> str2)                    //输入多个测试用例
    {    for(i=0; i<str1.size(); i++)              //str1 转化为数字数组 a
            a[i] = str1[str1.size()-1-i]-'0';
```

```
        for (i=0;i<str2.size();i++)                    //str2 转化为数字数组 b
            b[i]=str2[str2.size()-1-i]-'0';
        solve(a,b,str1.size(),str2.size());
        int high=str1.size()+str2.size()-1;
        while (r[high]==0 && high>0)                    //求出最高非 0 位
            high--;
        for (i=high;i>=0; i--)                          //输出结果
            cout << r[i];
        cout << endl;
    }
    return 0;
}
```

3.1.5   在线编程题 5   求解旋转词问题

问题描述：如果字符串 t 是字符串 s 的后面若干个字符循环右移得到的，称 s 和 t 是旋转词，例如"abcdef"和"efabcd"是旋转词，而"abcdef"和"feabcd"不是旋转词。

输入描述：第 1 行为 $n(1 \leqslant n \leqslant 100)$，接下来的 n 行，每行两个字符串，以空格分隔。

输出描述：输出 n 行，若输入的两个字符串是旋转词，输出"Yes"，否则输出"No"。

输入样例：

```
2
abcdef    efabcd
abcdef    feabcd
```

样例输出：

```
Yes
No
```

解：对于字符串 s 和 t，若 s 和 t 是旋转词，则 $s=xy, t=yx$，由 s 和 s 自连接得到字符串 ss，即 $ss=xyxy$，显然 t 是 ss 的子串。所以判断方式为若 t 是 ss 的子串，则 s 和 t 是旋转词，否则不是旋转词。

对应的完整程序如下：

```
#include <iostream>
#include <string>
using namespace std;
//问题表示
int n;
string s,t;
bool solve(string s,string t)          //判断 s 和 t 是否为旋转词
{   string ss=s+s;
    if (ss.find(t,0)!=-1)              //在 ss 中找到子串 t
        return true;
```

```
        else
            return false;
}
int main()
{   cin >> n;
    for (int i=0;i<n;i++)
    {   cin >> s >> t;
        if (solve(s,t))
            cout << "Yes" << endl;
        else
            cout << "No" << endl;
    }
    return 0;
}
```

3.1.6　在线编程题6　求解门禁系统问题

时间限制：1.0s，内存限制：256.0MB。

问题描述：涛涛最近要负责图书馆的管理工作，需要记录下每天读者的到访情况。每位读者有一个编号，每条记录用读者的编号来表示。给出读者的来访记录，得到每一条记录中的读者是第几次出现。

输入描述：输入的第1行包含一个整数 n，表示涛涛的记录条数；第2行包含 n 个整数，依次表示涛涛的记录中每位读者的编号。

输出描述：输出一行，包含 n 个整数，由空格分隔，依次表示每条记录中的读者编号是第几次出现。

输入样例：

```
5
1 2 1 1 3
```

样例输出：

```
1 1 2 3 1
```

评测用例规模与约定：$1 \leqslant n \leqslant 1000$，给出的数都是不超过 1000 的非负整数。

解：设计整数数组 a，$a[i]$ 表示第 i 条记录中的读者编号是第几次出现，采用 map 容器 mp 进行计数。对应的完整程序如下：

```
#include <iostream>
#include <map>
using namespace std;
#define MAX 1001
int main()
{   int n, x;
    int a[MAX];
```

```
        map < int, int > mp;
        cin >> n;
        for(int i=0;i<n;i++)
        {   cin >> x;                        //输入第 i 条记录中的读者编号 x
            ++mp[x];                         //累计 x 出现的次数
            a[i]=mp[x];
        }
        for(int j=0;j<n;j++)                 //输出结果
            cout << a[j] << " ";
        cout << endl;
        return 0;
}
```

3.1.7　在线编程题 7　求解数字排序问题

时间限制:1.0s,内存限制:256.0MB。

问题描述:给定 n 个整数,请统计出每个整数出现的次数,按出现次数从多到少的顺序输出。

输入描述:输入的第 1 行包含一个整数 n,表示给定数字的个数;第 2 行包含 n 个整数,相邻的整数之间用一个空格分隔,表示所给定的整数。

输出描述:输出多行,每行包含两个整数,分别表示一个给定的整数和它出现的次数,按出现次数递减的顺序输出。如果两个整数出现的次数一样多,则先输出值较小的,然后输出值较大的。

输入样例:

```
12
5 2 3 3 1 3 4 2 5 2 3 5
```

样例输出:

```
3 4
2 3
5 3
1 1
4 1
```

评测用例规模与约定:$1 \leqslant n \leqslant 1000$,给出的数都是不超过 1000 的非负整数。

解:设计 map < int,int >容器 mymap,前者表示输入的整数,后者累计它出现的次数。再设计结构体类型 Elem(含整数 d 和它出现的次数 num 两个成员)的向量 myv,将 mymap 的元素复制到 myv 中,采用 STL 通用排序算法 sort 对 myv 元素按"次数 num 相同,d 越小越排列在前面,次数 num 不同,num 越大越排列在前面"的方式排序,最后输出 myv 的所有元素。对应的完整程序如下:

```
# include < iostream >
# include < map >
```

```
#include <vector>
#include <algorithm>
using namespace std;
struct Elem
{   int d;                              //整数
    int num;                            //出现次数
    bool operator<(const Elem &s)
    {   bool result;
        if(s.num==num)                  //次数相同,d越小越排列在前面
            result = s.d>d;
        else                            //次数不同,num越大越排列在前面
            result = s.num<num;
        return result;
    }
};
int main()
{   int n;
    cin >> n;
    map<int,int> mymap;
    map<int,int>::iterator it;
    for(int i=0;i<n;i++)                //累计x的次数
    {   int x;
        cin >> x;
        ++mymap[x];
    }
    vector<Elem> myv;
    for (it=mymap.begin();it!=mymap.end();++it)
    {   Elem e;                         //由mymap产生myv
        e.d=it->first;
        e.num=it->second;
        myv.push_back(e);
    }
    sort(myv.begin(),myv.end());        //myv元素排序
    for (int j=0; j<myv.size(); j++)    //输出myv
        cout << myv[j].d << " "<< myv[j].num << endl;
    return 0;
}
```

3.2　第2章——递归算法设计技术 ✳

3.2.1　在线编程题1　求解 n 阶螺旋矩阵问题

问题描述：创建 n 阶螺旋矩阵并输出。

输入描述：输入包含多个测试用例,每个测试用例为一行,包含一个正整数 n(1≤n≤50),以输入 0 表示结束。

输出描述：每个测试用例输出 n 行，每行包括 n 个整数，整数之间用一个空格分隔。

输入样例：

```
4
0
```

样例输出：

```
 1  2  3 4
12 13 14 5
11 16 15 6
10  9  8 7
```

解：采用递归方法求解。设 $f(x, y, \text{start}, n)$ 用于创建左上角为 (x, y)、起始元素值为 start 的 n 阶螺旋矩阵，共 n 行 n 列，它是"大问题"；则 $f(x+1, y+1, \text{start}, n-2)$ 用于创建左上角为 $(x+1, y+1)$、起始元素值为 start 的 $n-2$ 阶螺旋矩阵，共 $n-2$ 行 $n-2$ 列，它是"小问题"，图 3.2 所示为 $n=4$ 时的大问题和小问题。

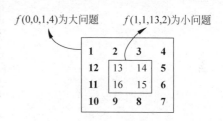

图 3.2　$n=4$ 时的大问题和小问题

对应的递归模型如下：

$$f(x, y, \text{start}, n) \equiv 不做任何事情 \qquad 当 n \leqslant 0 时$$
$$f(x, y, \text{start}, n) \equiv 产生只有一个元素的螺旋矩阵 \qquad 当 n = 1 时$$
$$f(x, y, \text{start}, n) \equiv 产生(x, y)的那一圈; \qquad 当 n > 1 时$$
$$f(x+1, y+1, \text{start}, n-2)$$

对应的完整程序如下：

```
#include <stdio.h>
#define MAXN 51
//问题表示
int n;                                    //存放螺旋矩阵的大小
//求解结果表示
int s[MAXN][MAXN];                        //存放螺旋矩阵
void Spiral(int x, int y, int start, int n)   //递归创建螺旋矩阵
{   int i, j;
    if (n<=0)                             //递归结束条件
        return;
    if (n==1)                             //矩阵大小为1时
    {   s[x][y] = start;
        return;
    }
    for (i= x; i<x+n-1; i++)              //上一行
        s[y][i]=start++;
    for (j=y; j<y+n-1; j++)               //右一列
```

```
            s[j][x+n-1] = start++;
    for (i=x+n-1; i>x; i--)                    //下一行
            s[y+n-1][i] = start++;
    for (j=y+n-1; j>y; j--)                    //左一列
            s[j][x] = start++;
    Spiral(x+1,y+1,start,n-2);                 //递归调用
}
void dispmatrix()                              //输出螺旋矩阵
{   for (int i=0;i<n;i++)
    {   for (int j=0;j<n;j++)
            printf("%d ",s[i][j]);
        printf("\n");
    }
}
int main()
{   while (true)
    {   scanf("%d",&n);
        if (n==0) break;
        Spiral(0,0,1,n);
        dispmatrix();
    }
    return 0;
}
```

3.2.2　在线编程题 2　求解幸运数问题

问题描述：小明同学在学习了不同的进制之后用一些数字做起了游戏。小明同学知道，在日常生活中最常用的是十进制数，而在计算机中二进制数也很常用。现在对于一个数字 x，小明同学定义出两个函数 $f(x)$ 和 $g(x)$，$f(x)$ 表示把 x 这个数用十进制写出后各数位上的数字之和，例如 $f(123)=1+2+3=6$；$g(x)$ 表示把 x 这个数用二进制写出后各数位上的数字之和，例如 123 的二进制表示为 1111011，那么 $g(123)=1+1+1+1+0+1+1=6$。小明同学发现对于一些正整数 x 满足 $f(x)=g(x)$，他把这种数称为幸运数，现在他想知道小于等于 n 的幸运数有多少个？

输入描述：每组数据输入一个数 $n(n\leqslant 100000)$。

输出描述：每组数据输出一行，小于等于 n 的幸运数个数。

输入样例：

21

样例输出：

3

解：本题的关键是将十进制数 n 转换为 r 进制数，并求各位数之和。设 $f(n,r)$ 返回十进制数 n 转换为 r 进制数后各位数之和，对应的递归模型如下：

$$f(n,r)=n \qquad \text{当 } n<r \text{ 时}$$
$$f(n,r)=n\%r+f(n/r,r) \qquad \text{其他情况}$$

对应的完整程序如下：

```
# include <stdio.h>
//问题表示
int n;
int solve(int n,int r)                //求十进制数 n 转换为 r 进制数后的各位数之和
{   int res=0;
    if (n<r) return n;
    return n%r+solve(n/r,r);
}
int main()
{   scanf("%d",&n);
    int ans=0;
    for (int i=1; i<=n; i++)
        if(solve(i,10)==solve(i, 2))
            ans++;
    printf("%d\n",ans);
    return 0;
}
```

3.2.3　在线编程题 3　求解回文序列问题

问题描述：如果一个数字序列逆置后跟原序列是一样的，则称这样的数字序列为回文序列。例如，$\{1,2,1\}$、$\{15,78,78,15\}$、$\{11,2,11\}$ 是回文序列，而 $\{1,2,2\}$、$\{15,78,87,51\}$、$\{112,2,11\}$ 不是回文序列。现在给出一个数字序列，允许使用一种转换操作：选择任意两个相邻的数，然后从序列中移除这两个数，并将这两个数的和插入到这两个数之前的位置（只插入一个和）。

对于所给序列求出最少需要多少次操作可以将其变成回文序列。

输入描述：输入为两行，第 1 行为序列长度 $n(1 \leqslant n \leqslant 50)$，第 2 行为序列中的 n 个整数 $item[i](1 \leqslant item[i] \leqslant 1000)$，以空格分隔。

输出描述：输出一个数，表示最少需要的转换次数。

输入样例：

```
4
1 1 1 3
```

样例输出：

```
2
```

解：用 $item[low..high]$ 表示判断的区间，ie 表示前端的数（初始时 $ie=item[low]$），je 表示后端的数（初始时 $je=item[high]$），ans 记录转换操作次数（初始为 0）。设 $f($low， high)返回 item[low..high]变为回文的操作次数。对应的递归模型如下：

$f(\text{low}, \text{high}) = \text{ans}$	当 item[low..high]区间只有一个数或者为空时
$f(\text{low}, \text{high}) = \text{ans} + f(++\text{low}, --\text{high})$	当 ie = je 时
$f(\text{low}, \text{high}) = (\text{ans}++) + f(++\text{low}, \text{high})$	当 ie < je, ie = item[low] + item[low+1]时
$f(\text{low}, \text{high}) = (\text{ans}++) + f(\text{low}, --\text{high})$	当 ie ≥ je, je = item[high] + item[high-1]时

需要注意的是，后面两种情况可能会重复出现，采用 while 循环判断，但每次循环时 ie 总是为 item[low..high]区间首元素，je 总是为 item[low..high]区间尾元素。

对应的完整程序如下：

```cpp
#include <stdio.h>
#include <vector>
using namespace std;
//问题表示
int n;
vector<int> item;                           //采用 vector 容器存放整数序列(采用数组也可)
int solve(int low, int high)                //求解回文序列问题
{   int ans=0;
    int ie = item[low];
    int je = item[high];
    while (low<high && ie!=je)              //区间内有两个或两个以上数且两端数不相等
    {   if (ie<je)                          //前面的数小,前面做一次转换操作
        {   low++;
            ie += item[low];
            ++ans;
        }
        else                               //后面的数小,后面做一次转换操作
        {   high--;
            je += item[high];
            ++ans;
        }
    }
    if (low>=high)                          //区间内只有一个数或者为空
        return ans;
    else                                    //区间内有两个或两个以上的数,递归处理子问题
    {   low++;
        high--;
        return ans+solve(low, high);
    }
}
int main()
{   int x;
    scanf("%d", &n);
    for (int i=0; i<n; i++)
    {   scanf("%d", &x);
        item.push_back(x);
    }
    printf("%d\n", solve(0, n-1));
    return 0;
}
```

3.2.4 在线编程题 4 求解投骰子游戏问题

问题描述：玩家根据骰子的点数决定走的步数，即骰子点数为 1 时可以走一步，点数为 2 时可以走两步，点数为 n 时可以走 n 步。求玩家走到第 n 步（$n \leqslant$ 骰子最大点数且投骰子方法唯一）时总共有多少种投骰子的方法。

输入描述：输入包括一个整数 $n(1 \leqslant n \leqslant 6)$。

输出描述：输出一个整数，表示投骰子的方法数。

输入样例：

```
6
```

样例输出：

```
32
```

解：设 $f(n)$ 表示玩家走到第 n 步时投骰子的方法数。显然：

- $n=1$ 时，只有投骰子点数为 1 的一种情况，即 $f(1)=1$。
- $n=2$ 时，只有两次投骰子点数为 1 和一次投骰子点数为 2 的两种情况，即 $f(2)=2$。
- 对于 n，第一次投骰子点数为 1，剩余 $n-1$ 步，此时 $f(n)=f(n-1)$；第一次投骰子点数为 2，剩余 $n-2$ 步，此时 $f(n)=f(n-2)$；…，第一次投骰子点数为 n，只有一种情况，此时 $f(n)=1$。所以有 $f(n)=f(n-1)+f(n-2)+f(n-3)+\cdots+f(1)+1$。

对应的递归模型如下：

$$
\begin{aligned}
&f(1)=1 \\
&f(2)=2 \\
&f(n)=f(n-1)+f(n-2)+\cdots+f(1)+1 \qquad \text{当 n>2 时}
\end{aligned}
$$

可以采用以下递归算法求**解**：

```
long f(int n)
{    if (n==1) return 1;
     if (n==2) return 2;
     long sum=1;
     for (int i=1;i<=n-1;i++)
         sum+=f(i);
     return sum;
}
```

一个更优的方法是采用非递归方法。看看前面递归模型的递推过程，可以总结出如下递推关系：

$$
\begin{aligned}
&f(1)=1 \\
&f(2)=2 \\
&f(3)=f(2)+f(1)+1=(2+1)+1=2^2-1+1=2^2
\end{aligned}
$$

$$f(4)=f(3)+f(2)+f(1)+1=(2^2+2+1)+1=2^3-1+1=2^3$$
$$f(5)=f(4)+f(3)+f(2)+f(1)+1=(2^3+2^2+2+1)+1=2^4-1+1=2^4$$

依此类推，可以得到 $f(n)=2^{n-1}$。对应的完整程序如下：

```c
#include <stdio.h>
#include <math.h>              //包含 pow 库函数
int main()
{   int n;
    scanf("%d",&n);
    printf("%ld\n",(long)pow(2,n-1));
    return 0;
}
```

3.3 第 3 章——分治法

3.3.1 在线编程题 1 求解满足条件的元素对个数问题

问题描述：给定 N 个整数 A_i 以及一个正整数 C，问其中有多少对 i、j 满足 $A_i-A_j=C$。

输入描述：第 1 行输入两个空格隔开的整数 N 和 C，第 2～$N+1$ 行每行包含一个整数 A_i。

输出描述：输出一个数表示答案。

输入样例：

```
5 3
2
1
4
2
5
```

样例输出：

```
3
```

解：采用二分查找数量。先对数组 a 递增排序，用 j 扫描数组 a，对于元素 $a[j]$，在 $a[j+1..n-1]$ 中采用二分求元素 $a[j]+c$ 出现的次数 count（不存在时 count$=0$），累计所有的 count 得到 ans 即为所求。其中在有序序列中查找 $a[j]+c$ 元素出现次数的二分法就是分治法思路。对应的完整程序如下：

```cpp
#include <stdio.h>
#include <algorithm>
using namespace std;
```

```
#define MAXN 200000
//问题表示
int a[MAXN];
int n,c;
int BinSearch(int low,int high,int x)          //在 a[low..high]中查找 x 出现的次数
{    while(low<=high)
    {    int mid=(low+high)/2;
        if(a[mid]==x)                          //找到 a[mid]=x,求左、右为 x 的个数
        {    int count=1,i;
            i=mid-1;
            while(i>=low && a[i]==x)            //在 a[mid]左边找 x 的次数
            {    count++;
                i--;
            }
            i=mid+1;
            while(i<=high && a[i]==x)           //在 a[mid]右边找 x 的次数
            {    count++;
                i++;
            }
            return count;
        }
        else if(x>a[mid])                       //x>a[mid]:在右区间中查找
            low=mid+1;
        else                                    //x<a[mid]:在左区间中查找
            high=mid-1;
    }
    return 0;                                    //没有查找返回 0
}
int main()
{    scanf("%d%d", &n, &c);
    for(int i=0;i<n;i++)
        scanf("%d",&a[i]);
    sort(a,a+n);                                 //对数组 a 递增排序
    int ans=0;
    for(int j=0;j<n-1;j++)
        ans+=BinSearch(j+1,n-1,a[j]+c);
    printf("%d\n",ans);
    return 0;
}
```

3.3.2　在线编程题 2　求解查找最后一个小于等于指定数的元素问题

问题描述:给定一个长度为 n 的单调递增的正整数序列,即序列中的每一个数都比前一个数大,有 m 个询问,每次询问一个 x,问序列中最后一个小于等于 x 的数是什么?

输入描述:给定一个长度为 n 的单调递增的正整数序列,即序列中的每一个数都比前一个数大,有 m 个询问,每次询问一个 x。

输出描述：输出共 m 行，表示序列中最后一个小于等于 x 的数是多少。如果没有，输出 -1。

输入样例：

```
5 3
1 2 3 4 6
5
1
3
```

样例输出：

```
4
1
3
```

数据范围限制：$1 \leqslant n$、$m \leqslant 100000$，序列中的元素和 x 都不超过 10^6。

解：由于递增有序序列 a 中的所有元素不相同，可以采用基本的二分法查找 x，当 $x = a[mid]$ 时，查找成功，返回 $a[mid]$。如果循环结束都没有找到 x，则 $a[high]$ 为最后一个小于等于 x 的元素，若 high<0，说明不存在。对应的程序如下：

```
#include <stdio.h>
#define MAXN 100000
//问题表示
int a[MAXN];
int n,m;
int BinSearch(int low,int high,int x)        //二分查找 x
{   int mid;
    while(low <= high)
    {   mid=(low+high)/2;
        if(a[mid]==x)                        //找到后返回
            return a[mid];
        else if(a[mid]< x)                   //若 a[mid]< x,在右区间中查找
            low=mid+1;
        else                                 //若 a[mid]> x,在左区间中查找
            high=mid-1;
    }
    if (high<0)
        return -1;
    else
        return a[high];
}
int main()
{   int x,i;
    while(scanf("%d%d",&n,&m)!=EOF)
    {   for(i=0;i<n;i++)
            scanf("%d",&a[i]);
        for(i=0;i<m;i++)
```

```
        {   scanf("%d",&x);
            printf("%d\n",BinSearch(0,n-1,x));
        }
    }
    return 0;
}
```

3.3.3　在线编程题 3　求解递增序列中与 x 最接近的元素问题

问题描述：在一个非降序列中查找与给定值 x 最接近的元素。

输入描述：第 1 行包含一个整数 n，为非降序列长度($1 \leq n \leq 100\,000$)；第 2 行包含 n 个整数，为非降序列的各个元素，所有元素的大小均在 $0 \sim 1\,000\,000\,000$ 范围内；第 3 行包含一个整数 m，为要询问的给定值个数($1 \leq m \leq 10\,000$)；接下来 m 行，每行一个整数，为要询问最接近元素的给定值，所有给定值的大小均在 $0 \sim 1\,000\,000\,000$ 范围内。

输出描述：输出共 m 行，每行一个整数，为最接近相应给定值的元素值，并保持输入顺序。若有多个元素值满足条件，输出最小的一个。

输入样例：

```
3
2 5 8
2
10
5
```

样例输出：

```
8
5
```

解：由于输入数据是非降序(即递增有序)的，采用二分法查找与 x 最接近的元素，即找到的元素满足与 x 的差值最小。在二分查找过程中差值有可能为正，也有可能为负。对于中间的元素，当差值为正时差值更小的元素必然在左边；当差值为负时差值更小的元素必然在右边，如此找到与 x 最接近的元素。对应的完整程序如下：

```c
#include <stdio.h>
#define N 100000
#define abs(x) ((x)>0?(x):-(x))          //定义求绝对值的宏
int a[N];
int BinSearch(int low,int high,int x)     //二分查找与 x 最接近的元素
{   int mid;
    while(low<high)
    {   mid=(low+high)/2;
```

```
            if(a[mid]>x)
                high=mid;
            else
                low=mid;
            if(low+1==high)
            {   if(abs(x-a[low])>abs(x-a[high]))
                    low=high;
                else
                    high=low;
            }
        }
        return low;
    }
    int main()
    {   int n,m,x,i;
        scanf("%d",&n);
        for(i=0;i<n;i++)
            scanf("%d",&a[i]);
        scanf("%d",&m);
        while (m--)
        {   scanf("%d",&x);
            printf("%d\n",a[BinSearch(0,n-1,x)]);
        }
        return 0;
    }
```

3.3.4　在线编程题 4　求解按"最多排序"到"最少排序"的顺序排列问题

问题描述：一个序列中的"未排序"的度量是相对于彼此顺序不一致的条目对的数量，例如，在字母序列"DAABEC"中该度量为 5，因为 D 大于其右边的 4 个字母，E 大于其右边的 1 个字母。该度量称为该序列的逆序数。序列"AACEDGG"只有一个逆序对（E 和 D），它几乎被排好序了，而序列"ZWQM"有 6 个逆序对，它是未排序的，恰好是反序。

需要对若干个 DNA 序列（仅包含 4 个字母 A、C、G 和 T 的字符串）分类，注意是分类而不是按字母顺序排列，是按照"最多排序"到"最小排序"的顺序排列，所有 DNA 序列的长度都相同。

输入描述：第 1 行包含两个整数，$n(0<n\leqslant50)$ 表示字符串长度，$m(0<m\leqslant100)$ 表示字符串个数；后面是 m 行，每行包含一个长度为 n 的字符串。

输出描述：按"最多排序"到"最小排序"的顺序输出所有字符串。若两个字符串的逆序对个数相同，按原始顺序输出它们。

输入样例：

```
10 6
AACATGAAGG
```

```
TTTTGGCCAA
TTTGGCCAAA
GATCAGATTT
CCCGGGGGGA
ATCGATGCAT
```

样例输出：

```
CCCGGGGGGA
AACATGAAGG
GATCAGATTT
ATCGATGCAT
TTTTGGCCAA
TTTGGCCAAA
```

　　解：本题实际上是求 n 个字符串的逆序数,按逆序数递增顺序输出原来的所有字符串。

　　所以关键是求一个长度为 n 的字符串 a 的逆序数算法,这里采用二路归并的分治法方法,对 $a[low..high]$ 的两半分别进行二路归并排序,然后将这两半合并起来,在合并的过程中(设 $low \leqslant i \leqslant mid, mid+1 \leqslant j \leqslant high$),当 $a[i] \leqslant a[j]$ 时不产生逆序对;当 $a[i] > a[j]$ 时,在前半部分中比 $a[i]$ 大的元素都比 $a[j]$ 大,如果将 $a[j]$ 放在 $a[i]$ 的前面,对应的逆序对个数为 $mid-i+1$。整个排序过程中累计逆序数即为该字符串的逆序数(求逆序数的原理参考 2.3.3 的实验 3 的解答)。

　　将所有字符串的逆序数存放在 b 数组中,采用稳定的排序算法对 b 按逆序数递增排序,并按排序结果输出原来的所有字符串,即得到最终结果。

　　对应的完整程序如下：

```c
#include <stdio.h>
#include <string.h>
#include <malloc.h>
#include <algorithm>
using namespace std;
#define MAXN 55
#define MAXM 105
/ *****求字符串 a 的逆序数 ans *************** /
int ans;                                      //全局变量,累计逆序数
void Merge(char a[],int low,int mid,int high)  //两个相邻有序段归并
{   int i=low;
    int j=mid+1;
    int k=0;
    char * tmp=(char * )malloc((high-low+1) * sizeof(int));
    while(i<=mid && j<=high)                   //二路归并:a[low..mid]、a[mid+1..high]=>tmp
    {   if(a[i]>a[j])
        {   tmp[k++]=a[j++];
            ans+=mid-i+1;
        }
        else tmp[k++]=a[i++];
```

```
    }
    while(i<=mid) tmp[k++]=a[i++];
    while(j<=high) tmp[k++]=a[j++];
    for(int k1=0;k1<k;k1++)                //tmp[0..k-1]=>a[low..high]
        a[low+k1]=tmp[k1];
    free(tmp);
}
void MergeSort(char a[],int low,int high)  //递归二路归并排序
{   if(low<high)
    {   int mid=(low+high)/2;
        MergeSort(a,low,mid);
        MergeSort(a,mid+1,high);
        Merge(a,low,mid,high);
    }
}

int Inversion(char a[],int n)              //用二路归并法求字符串 a 的逆序数
{   ans=0;
    MergeSort(a,0,n-1);
    return ans;
}
/ ***************************************** /
typedef struct
{   int v;                                 //存放 str[i] 的逆序数
    int i;                                 //存放字符串的下标 i
} ElemType;                                //声明数组 b 的元素类型
struct Cmp                                 //定义排序关系函数
{   bool operator()(const ElemType &s,const ElemType &t) const
    {   return s.v<t.v;}                   //指定按逆序数递增排序
};
int main()
{   int i,n,m;
    char str[MAXM][MAXN];
    ElemType b[MAXM];
    memset(b,0,sizeof(b));
    char tmp[MAXN];
    scanf("%d%d",&n,&m);                   //输入 n 和 m
    for (i=0;i<m;i++)                      //输入 m 个字符串
        scanf("%s",str[i]);
    for (i=0;i<m;i++)                      //求所有字符串的逆序数
    {   strcpy(tmp,str[i]);               //由于保持原序列不变,临时复制到 tmp 中
        b[i].v=Inversion(tmp,n);          //求 tmp 的逆序对个数
        b[i].i=i;                         //记录原来的下标
    }
    stable_sort(b,b+m,Cmp());             //采用稳定的排序算法
    for (i=0;i<m;i++)                     //输出结果
        printf("%s\n",str[b[i].i]);
    return 0;
}
```

第4章——蛮力法

3.4.1　在线编程题 1　求解一元三次方程问题

问题描述：有一个一元三次方程 $ax^3+bx^2+cx+d=0$，给出所有的系数，并规定该方程存在 3 个不同的实根（根范围为 $-100\sim100$），且根与根之差的绝对值 $\geqslant1$。要求从小到大依次在同一行输出这 3 个根，并精确到小数点后两位。

输入描述：包含 4 个实数 a、b、c、d。

输出描述：从小到大的 3 个实根。

输入样例：

1 −5 −4 20

样例输出：

−2.00 2.00 5.00

解：直接采用穷举法，查找范围 i 为 $-100\sim100$，步长为 0.01。为了方便整数运算，将 i 扩大 100 倍，即 i 为 $-10\,000\sim10\,000$，步长为 1，$x=i/100.0$，求出 $fx=ax^3+bx^2+cx+d$，若 $|fx|<\varepsilon$（这里取值为 0.0001），对应的 x 为一个解。对应的完整程序如下：

```
#include <stdio.h>
//问题表示
double a, b, c, d;
void solve()
{   double x;
    for (int i=−10000;i<=10000;i++)              //枚举
    {   x=i/100.0;
        double fx=a*x*x*x+b*x*x+c*x+d;
        if (fx>−0.0001 && fx<0.0001)
            printf("%6.2f", x);
    }
    printf("\n");
}
int main()
{   scanf("%lf%lf%lf%lf", &a, &b, &c, &d);
    solve();
    return 0;
}
```

3.4.2　在线编程题 2　求解完数问题

问题描述：如果一个大于 1 的正整数的所有因子之和等于它的本身，则称这个数是完数,例如 6、28 都是完数,即 $6=1+2+3,28=1+2+4+7+14$。本题的任务是判断两个正整数之间完数的个数。

输入描述:输入数据包含多行,第 1 行是一个正整数 n,表示测试实例的个数;然后是 n 个测试实例,每个实例占一行,由两个正整数 num1 和 num2 组成($1<$num1、num2$<10\ 000$)。

输出描述:对于每组测试数据,请输出 num1 和 num2 之间(包括 num1 和 num2)存在的完数个数。

输入样例:

```
2
2 5
5 7
```

样例输出:

```
0
1
```

解:对于输入的 n,循环 n 次,每次输入 num1 和 num2,调用 solve(num1,num2)采用蛮力法判断这两个数之间的数(包括这两个数)是不是完数,如果是完数,则累计这两个数之间完数的个数,然后输出。对应的完整程序如下:

```c
#include <stdio.h>
//问题表示
int n;
int solve(int num1,int num2)              //求 num1 和 num2 之间的完数个数
{   int ans=0;
    int sum;
    for(int j=num1;j<=num2;j++)           //执行 num2-num1+1 次循环
    {   sum=0;
        for(int k=1;k<j;k++)
        {   if(j%k==0)                     //累计 j 的因子
                sum+=k;
        }
        if (sum==j)
            ans++;                         //如果是完数,统计其个数
    }
    return ans;
}
int main()
{   int num1,num2;
    scanf("%d",&n);
    for(int i=0;i<n;i++)                   //执行 n 次循环
    {   scanf("%d%d",&num1,&num2);         //输入两个整数
        printf("%d\n",solve(num1,num2));
    }
    return 0;
}
```

3.4.3 在线编程题 3 求解好多鱼问题

问题描述：牛牛有一个鱼缸，鱼缸里面已经有 n 条鱼，每条鱼的大小为 fishSize$[i]$($1 \leqslant i \leqslant n$，均为正整数)，牛牛现在想把新捕捉的鱼放入鱼缸。鱼缸里存在着大鱼吃小鱼的定律。经过观察，牛牛发现一条鱼 A 的大小为另外一条鱼 B 的大小的 2～10 倍(包括两倍大小和 10 倍大小)时鱼 A 会吃掉鱼 B。考虑到这个情况，牛牛要放入的鱼需要保证以下几点：

(1) 放进去的鱼是安全的，不会被其他鱼吃掉。

(2) 这条鱼放进去也不能吃掉其他鱼。

(3) 鱼缸里面存在的鱼已经相处了很久，不考虑他们互相捕食。

现在知道新放入鱼的大小范围[minSize,maxSize](考虑鱼的大小都是用整数表示)，牛牛想知道有多少种大小的鱼可以放入这个鱼缸。

输入描述：输入数据包括 3 行，第 1 行为新放入鱼的尺寸范围[minSize,maxSize]($1 \leqslant$ minSize、maxSize$\leqslant$1000)，以空格分隔，第 2 行为鱼缸里面已经有鱼的数量 n($1 \leqslant n \leqslant 50$)，第 3 行为已经有的鱼的大小 fishSize$[i]$($1 \leqslant$ fishSize$[i] \leqslant$ 1000)，以空格分隔。

输出描述：输出有多少种大小的鱼可以放入这个鱼缸。考虑鱼的大小都是用整数表示。

输入样例：

```
1 12
1
1
```

样例输出：

```
3
```

解：直接采用蛮力思路。设有 ans 种大小的鱼可以放入这个鱼缸(初始为 0)，i 从 minSize 到 maxSize 循环枚举，如果 i 满足题目要求，ans++，最后输出 ans。对应的完整程序如下：

```c
#include <stdio.h>
#define MAX 51
//问题表示
int fishSize[MAX];
int n;
int minSize, maxSize;
//求解结果表示
int ans=0;
void solve()                          //求解有多少种大小的鱼可以放入这个鱼缸
{   bool flag;
    for (int i=minSize; i<=maxSize; ++i)
    {   flag=true;
        for (int j=0; j<n; ++j)
        {   if ((i>=fishSize[j] * 2 && i<=fishSize[j] * 10)
```

```
                    ||(fishSize[j]>=i * 2 && fishSize[j]<=i * 10))
                { flag=false;                    //不能放入
                  break;
                }
            }
            if (flag) ans++;                     //能够放入
        }
}
int main()
{   scanf("%d%d",&minSize,&maxSize);
    scanf("%d",&n);
    for (int i=0; i<n; ++i)
        scanf("%d",&fishSize[i]);
    solve();
    printf("%d\n",ans);
    return 0;
}
```

3.4.4　在线编程题 4　求解推箱子游戏问题

问题描述：推箱子游戏的具体规则是在一个 $N \times M$ 的地图上有一个玩家、一个箱子、一个目的地以及若干个障碍，其余是空地。玩家可以往上、下、左、右 4 个方向移动，但是不能移出地图或者移到障碍里去。如果往这个方向移动推到了箱子，箱子也会按这个方向移动一格，当然，箱子也不能被推出地图或推到障碍里。当箱子被推到目的地以后游戏目标达成。现在告诉你游戏开始是初始的地图布局，请求出玩家最少需要移动多少步才能够将游戏目标达成。

输入描述：每个测试输入包含一个测试用例，第 1 行输入两个正整数 N、M 表示地图的大小，其中 $0 < N$、$M \leqslant 8$。接下来有 N 行，每行包含 M 个字符表示该行地图，其中 '.' 表示空地，'X' 表示玩家，' * '表示箱子，'♯'表示障碍，'@'表示目的地。每个地图必定包含一个玩家、一个箱子、一个目的地，以 $N=0$ 表示结束。

输出描述：输出一个数字表示玩家最少需要移动多少步才能将游戏目标达成。当无论如何达成不了的时候输出 -1。

输入样例：

```
 4  4                    //第 1 个测试用例
. . . .
. . * @
. . . .
. X . .
 6  6                    //第 2 个测试用例
. . . ♯ . .
. . . . . .
♯ * ♯ ♯ . .
. . ♯ ♯ . ♯
. . X . .
. @ ♯ .
0
```

样例输出:

```
3
11
```

解:本题实际上就是查找从'X'到'@'经过'*'的最小步数的路径,类似求解迷宫最短路径问题。采用广度优先遍历思路,设计一个队列来求解。队列结点类型如下:

```
struct NodeType              //队列结点类型
{   int px,py;               //人的位置
    int bx,by;               //箱子的位置
    int step;                //移动步数
};
```

设人的位置为(personx,persony),箱子位置为(boxx,boxy),目标位置是(endx,endy),首先将(personx,persony,boxx,boxy,0)进队 qu。队列不空时循环:出队结点 curnode,先让人走一步,若人的位置与箱子的位置重合,说明人找到箱子,以后两者一起移动,即(curnode.px+H[k],curnode.py+V[k],curnode.bx+H[k],curnode.by+V[k])作为子结点进队,否则只有人移动,即(curnode.px+H[k],curnode.py+V[k],curnode.bx,curnode.by)作为子结点进队。每走一步,对应的 step 增加 1。为了避免重复,设置一个 4 维数组 vist,vist[px][py][bx][by]表示人在(px,py)、箱子在(bx,by)时是否已经走过,若没有走过,其元素值为 0,若走过,其元素值为 1。

实际上,这里 BFS 过程分为两个阶段。第一个阶段是从人的位置出发搜索箱子,其判断位置重复是通过 vist[当前人的位置][固定箱子位置]实现的(此时人的位置变化,而箱子的位置不变);第二个阶段是从箱子位置出发搜索目标,这两个阶段是关联的,并不能分开搜索(因为推箱子是有方向的),例如,对于测试用例 2,搜索到的路径如图 3.3 所示,而不是直接从'X'到'*'(移动 3 步),再从'*'到'@'(移动 3 步),而是从'X'到'@'的经过'*'的一整条路径(即从'X'走 8 步到达箱子上方位置,再推箱子走 3 步到达目标位置,总移动步数为 8+3=11),第二个阶段判断位置重复是通过 vist[当前人的位置][当前箱子位置]实现的(此时人和箱子的位置同时变化)。由于所有走过的位置结点是进入同一个队列,所以找到目标和的路径一定是最短路径。

对应的完整程序如下:

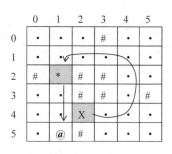

图 3.3 测试用例 2 的路径

```
#include <queue>
#include <string>
using namespace std;
#define MAXN 10
#define MAXM 10
//问题表示
char map[MAXN][MAXM];
```

```
int n,m;
int H[4] = {0,1,0,-1};                              //水平偏移量,下标对应方位号 0~3
int V[4] = {-1,0,1,0};                              //垂直偏移量
int vist[MAXN][MAXM][MAXN][MAXM];                   //4 维数组表示人和箱子的位置状态
struct NodeType                                     //队列结点类型
{   int px,py;                                      //人的位置
    int bx,by;                                      //箱子的位置
    int step;                                       //移动步数
};
int personx,persony,boxx,boxy,endx,endy;            //表示当前人的位置、箱子位置和终点位置
bool Bound(int x,int y)                             //检查(x,y)位置是否合法:有效且可以走
{   if (x<0 || y<0 || x>=n || y>=m || map[x][y]=='#')
        return true;                                //不合法返回 true
    else
        return false;                               //合法返回 false
}

int BFS( )                                          //广度优先遍历
{   NodeType rnode,curnode,subnode;
    queue< NodeType > qu;                           //状态队列
    rnode.px=personx;
    rnode.py=persony;
    rnode.bx=boxx;
    rnode.by=boxy;
    rnode.step=0;
    qu.push(rnode);
    vist[personx][persony][boxx][boxy]=1;           //当前起始状态位置设步数为 1
    while (!qu.empty())                             //队列不空时循环
    {   curnode=qu.front();
        qu.pop();                                   //出队结点 curnode
        if (curnode.bx==endx && curnode.by==endy)
            return curnode.step;
        for (int k=0; k<4; k++)                     //在相邻 4 个方向搜索
        {   int px=curnode.px+H[k];                 //先让人走一步
            int py=curnode.py+V[k];
            if (Bound(px,py))
                continue;                           //若该位置非法,则试探其他方位
            if (px==curnode.bx && py==curnode.by)   //若人的位置与箱子的位置重合,说
                                                    //明人应开始推动箱子一步
            {   if (Bound(curnode.bx+H[k],curnode.by+V[k]))
                    continue;                       //如果箱子移动的位置不合法,则试探其他方位
                subnode.px=px;                      //合法,建立人推箱子走一步子结点
                subnode.py=py;
                subnode.bx=curnode.bx+H[k];
                subnode.by=curnode.by+V[k];
                subnode.step=curnode.step+1;
                vist[px][py][subnode.bx][subnode.by]=1;    //表示该位置已走过
                qu.push(subnode);                   //子结点进队
```

```
            }
            else                                    //还没有找到箱子,仅仅人走
            {  if (vist[px][py][curnode.bx][curnode.by])
                   continue;                        //该位置已走过,则试探其他方位
               subnode.px = px;                     //合法,建立人走一步的子结点
               subnode.py = py;
               subnode.bx = curnode.bx;
               subnode.by = curnode.by;
               subnode.step = curnode.step + 1;
               vist[px][py][curnode.bx][curnode.by] = 1;   //表示该位置已走过
               qu.push(subnode);                    //子结点进队
            }
         }
      }
   }
   return -1;                                       //如果所有位置都试过了,没有找到,说明不存在
}
int main()
{  int i,j;
   while (true)
   {  scanf("%d", &n);                              //输入 n
      if (n==0) break;
      scanf("%d", &m);                              //输入 m
      for (i=0;i<n;i++)                             //输入每行的字符串
          scanf("%s", map[i]);
      memset(vist, 0, sizeof(vist));
      for (i=0; i<n; i++)                           //查找人、箱子和终点位置
          for (j=0; j<m; j++)
          {  if (map[i][j] == '*')                  //箱子位置
             {  boxx = i;
                boxy = j;
             }
             else if (map[i][j] == 'X')             //人的位置
             {  personx = i;
                persony = j;
             }
             else if (map[i][j] == '@')             //目标位置
             {  endx = i;
                endy = j;
             }
          }
      printf("%d\n", BFS());
   }
   return 0;
}
```

3.5 第5章——回溯法

3.5.1 在线编程题1 求解会议安排问题

问题描述：陈老师是一个比赛队的主教练，有一天他想给团队成员开会，应该为这次会议安排教室，但教室非常缺乏，所以教室管理员必须接受订单和拒绝订单以优化教室的利用率。如果接受一个订单，该订单的开始时间和结束时间成为一个活动。注意，每个时间段只能安排一个订单（即假设只有一个教室）。请找出一个最大化的总活动时间的方法。你的任务是这样的：读入订单，计算所有活动（接受的订单）占用时间的最大值。

输入描述：标准的输入将包含多个测试用例。对于每个测试用例，第 1 行是一个整数 $n(n \leqslant 10\ 000)$，接着的 n 行中每一行包括两个整数 p 和 $k(1 \leqslant p \leqslant k \leqslant 300\ 000)$，其中 p 是一个订单的开始时间，k 是结束时间。

输出描述：对于每个测试用例，输出所有活动占用时间的最大值。

输入样例：

```
4
1 2
3 5
1 4
4 5
```

样例输出：

```
4
```

解：本题与《教程》中的活动安排问题几乎相同，只是最优解不是指兼容活动的个数，而是兼容活动的总时间，即将一个调度方案的 sum 由 sum++ 改为 sum+=$A[x[j]].e$-$A[x[j]].b$ 即可。对应的完整程序如下：

```
# include < stdio. h >
# define MAX 10002
//问题表示
struct Action
{    int b;                              //活动起始时间
     int e;                             //活动结束时间
};
int n;
Action A[MAX];                          //下标 0 不用
//求解结果表示
int x[MAX];                            //解向量
int laste=0;                           //一个方案中最后兼容活动的结束时间
```

```
int sum=0;                              //一个方案中所有兼容活动的时间和
int maxsum=0;                           //最优方案中所有兼容活动的时间和
void swap(int &x,int &y)                //交换 x、y
{    int tmp=x;
     x=y; y=tmp;
}

void dfs(int i)                         //搜索活动问题最优解
{    if (i>n)                           //到达叶子结点,产生一种调度方案
     {    if (sum>maxsum)
               maxsum=sum;
     }
     else
     {    for(int j=i; j<=n; j++)       //没有到达叶子结点,考虑 i 到 n 的活动
          {                             //第 i 层结点选择活动 x[j]
               int sum1=sum;            //保存 sum、laste 以便回溯
               int laste1=laste;
               if (A[x[j]].b>=laste)    //活动 x[j] 与前面兼容
               {    sum+=A[x[j]].e-A[x[j]].b;  //累计活动 x[j] 的执行时间
                    laste=A[x[j]].e;    //修改本方案的最后兼容时间
               }
               swap(x[i],x[j]);         //排序树问题递归框架:交换 x[i]、x[j]
               dfs(i+1);                //排序树问题递归框架:进入下一层
               swap(x[i],x[j]);         //排序树问题递归框架:交换 x[i]、x[j]
               sum=sum1;                //回溯
               laste=laste1;            //即撤销第 i 层结点对活动 x[j] 的选择,以便再选择其他活动
          }
     }
}
int main()
{    int j;
     scanf("%d",&n);                    //输入 n
     for (j=1; j<=n; j++)
          scanf("%d%d",&A[j].b,&A[j].e);  //输入 p、k
     for (j=1;j<=n;j++)                 //x 数组初始化
          x[j]=j;
     dfs(1);
     printf("%d\n",maxsum);
     return 0;
}
```

3.5.2 在线编程题 2 求解最小机器重量设计问题 I

问题描述:设某一机器由 n 个部件组成,部件编号为 $1\sim n$,每一种部件都可以从 m 个供应商处购得,供应商编号为 $1\sim m$。设 w_{ij} 是从供应商 j 处购得的部件 i 的重量,c_{ij} 是相应的价格。对于给定的机器部件重量和机器部件价格,计算总价格不超过 cost 的最小重量机器设计,可以在同一个供应商处购得多个部件。

输入描述:第 1 行输入 3 个整数 n、m、cost,接下来 n 行输入 w_{ij}(每行 m 个整数),最后 n 行输入 c_{ij}(每行 m 个整数),这里 $1\leqslant n$、$m\leqslant 100$。

输出描述：输出的第 1 行包括 n 个整数，表示每个对应的供应商编号，第 2 行为对应的重量。

输入样例：

```
3 3 7
1 2 3
3 2 1
2 3 2
1 2 3
5 4 2
2 1 2
```

样例输出：

```
1 3 1
4
```

解：采用回溯法求解，由于可以在同一个供应商处购得多个部件，所以每个部件有 m 个选择方案，对应的解空间是一个 m 叉树的子集数。将 n、m、cost 设置为全局变量，另外设置如下全局变量：

```
int x[MAXN];              //临时解,x[i]存放第i个部件对应的供应商编号
int bestx[MAXN];          //最优解
int cw=0,cc=0;            //存放临时解的重量和价格
int bestw=999999;         //最优解重量,初始值为∞
```

对应的完整程序如下：

```
#include <stdio.h>
#define MAXN 102
#define MAXM 102
//问题表示
int n;                    //部件数
int m;                    //供应商数
int cost;                 //限定价格
int w[MAXN][MAXM];        //w[i][j]为第i个部件在第j个供应商处的重量
int c[MAXN][MAXM];        //c[i][j]为第i个部件在第j个供应商处的价格
//求解结果表示
int bestx[MAXN];
int x[MAXN];
int cw=0,cc=0;
int bestw=999999;
void dfs(int i)           //求解算法
{   int j;
    if(i>n)               //搜索到叶子结点
    {   if (cw < bestw)   //比较产生最优解
        {   bestw=cw;     //当前最小重量
            for(int j=1;j<=n;j++)
```

```
                        bestx[j]=x[j];
              }
      }
      else
      {   for(int j=1;j<=m;j++)              //试探每一个供应商
          {   if(cc+c[i][j]<=cost && cw+w[i][j]<bestw)        //剪枝
              {   x[i]=j;                    //第i个部件选择第j个供应商
                  cc+=c[i][j];
                  cw+=w[i][j];
                  dfs(i+1);
                  cc-=c[i][j];               //cc回溯
                  cw-=w[i][j];               //cw回溯
              }
          }
      }
}
int main()
{   int i,j;
    scanf("%d%d%d",&n,&m,&cost);            //输入部件数、供应商数、限定价格
    for(i=1; i<=n; i++)                     //输入各部件在不同供应商处的重量
        for(j=1; j<=m; j++)
            scanf("%d",&w[i][j]);
    for(i=1; i<=n; i++)                     //输入各部件在不同供应商处的价格
        for(j=1; j<=m; j++)
            scanf("%d",&c[i][j]);
    dfs(1);                                 //i从1开始搜索
    for(i=1;i<=n;i++)                       //输出每个部件的供应商
        printf("%d ",bestx[i]);
    printf("\n%d\n",bestw);                 //输出最小重量
    return 0;
}
```

3.5.3 在线编程题 3 求解最小机器重量设计问题 II

问题描述:设某一机器由 n 个部件组成,部件编号为 $1 \sim n$,每一种部件都可以从 m 个供应商处购得,供应商编号为 $1 \sim m$。设 w_{ij} 是从供应商 j 处购得的部件 i 的重量,c_{ij} 是相应的价格。对于给定的机器部件重量和机器部件价格,计算总价格不超过 cost 的最小重量机器设计,要求在同一个供应商处最多只能购得一个部件。

输入描述:第 1 行输入 3 个整数 n、m、cost,接下来 n 行输入 w_{ij}(每行 m 个整数),最后 n 行输入 c_{ij}(每行 m 个整数),这里 $1 \leqslant n$、$m \leqslant 100$。

输出描述:输出第 1 行包括 n 个整数,表示每个对应的供应商编号,第 2 行为对应的重量。

输入样例:

```
3 3 7
1 2 3
```

```
3 2 1
2 3 2
1 2 3
5 4 2
2 1 2
```

样例输出:

```
1 2 3
5
```

解：采用回溯法求解,解法类似在线编程题 3,但这里要求在同一个供应商处最多只能购得一个部件,所以在选择第 i 个部件时,对于试探的供应商 j,需要检查它是否在 $x[1..i-1]$ 中出现,如果出现,跳过它选择其他供应商。

对应的完整程序如下：

```c
#include <stdio.h>
#define MAXN 102
#define MAXM 102
//问题表示
int n;                          //部件数
int m;                          //供应商数
int cost;                       //限定价格
int w[MAXN][MAXM];              //w[i][j]为第 i 个部件在第 j 个供应商处的重量
int c[MAXN][MAXM];              //c[i][j]为第 i 个部件在第 j 个供应商处的价格
//求解结果表示
int bestx[MAXN];
int x[MAXN];
int cw=0,cc=0;
int bestw=999999;
bool find(int i,int j)          //如果 j 在 x[1..i-1]中出现,返回 true,否则返回 false
{   for (int k=1;k<i;k++)
        if (x[k]==j)
            return true;
    return false;
}
void dfs(int i)                 //求解算法
{   if(i>n)                     //搜索到叶子结点
    {   if (cw<bestw)           //比较产生最优解
        {   bestw=cw;           //当前最小重量
            for(int j=1;j<=n;j++)
                bestx[j]=x[j];
        }
    }
    else
    {   for(int j=1;j<=m;j++)   //试探每一个供应商
        {   if (find(i,j))
                continue;
```

```
            if(cc+c[i][j]<=cost && cw+w[i][j]<bestw)      //剪枝
            {   x[i]=j;                                     //第 i 个部件选择第 j 个供应商
                cc+=c[i][j];
                cw+=w[i][j];
                dfs(i+1);
                cc-=c[i][j];                                //cc 回溯
                cw-=w[i][j];                                //cw 回溯
            }
        }
    }
}
int main( )
{   int i,j;
    scanf("%d%d%d",&n,&m,&cost);          //输入部件数、供应商数、限定价格
    for(i=1; i<=n; i++)                    //输入各部件在不同供应商处的重量
        for(j=1; j<=m; j++)
            scanf("%d",&w[i][j]);
    for(i=1; i<=n; i++)                    //输入各部件在不同供应商处的价格
        for(j=1; j<=m; j++)
            scanf("%d",&c[i][j]);
    dfs(1);                                //i 从 1 开始搜索
    for(i=1;i<=n;i++)                      //输出每个部件的供应商
        printf("%d ",bestx[i]);
    printf("\n%d\n",bestw);                //输出最小重量
    return 0;
}
```

3.5.4 在线编程题 4 求解密码问题

问题描述：给定一个整数 n 和一个由不同大写字母组成的字符串 str(长度大于 5、小于 12)，每一个字母在字母表中对应有一个序数($A=1,B=2,\cdots,Z=26$)，从 str 中选择 5 个字母构成密码，例如选取的 5 个字母为 v、w、x、y 和 z，它们要满足 v 的序数 $-(w$ 的序数$)^2+(x$ 的序数$)^3-(y$ 的序数$)^4+(z$ 的序数$)^5=n$。例如，给定的 $n=1$ 和字符串 str 为 "ABCDEFGHIJKL"，一个可能的解是"FIECB"，因为 $6-9^2+5^3-3^4+2^5=1$，但这样的解可以有多个，最终结果是按字典序最大的那个，所以这里的正确答案为"LKEBA"。

输入描述：每一行为 n 和 str，以输入 $n=0$ 结束。

输出描述：每一行输出相应的密码，当密码不存在时输出"no solution"。

输入样例：

```
1 ABCDEFGHIJKL
11700519 ZAYEXIWOVU
3072997 SOUGHT
1234567 THEQUICKFROG
0
```

样例输出：

```
LKEBA
YOXUZ
GHOST
no solution
```

解：本题就是求 str 的所有排列，找出这些排列中前 5 个字母满足指定要求的排列。由于最优解是按字典序最大的那个，所以先对 str 递减排序，那么最先求出的满足要求的排列就一定是按字典序最大的一个。采用解空间为排列树的回溯算法框架，对应的完整程序如下：

```
# include <iostream>
# include <string.h>
# include <algorithm>
# include <functional>
using namespace std;
# define MAXL 15
//问题表示
char str[MAXL];                         //输入的字符串
int n;                                  //输入的整数
int m;                                  //str 的长度
char x[5];                              //存放一个解
bool flag;                              //判断是否有解
void swap(char &a, char &b)             //交换两个字符
{   char tmp=a;
    a=b; b=tmp;
}
int fn(char a, int n)                   //求大写字母 a 的 n 次方
{   if (n==1)
        return a-'A'+1;
    return (a-'A'+1) * fn(a,n-1);
}
void dfs(int i)                         //问题求解
{   if (i==5)                           //只需要求出前 5 个字母
    {   if (fn(x[0],1)-fn(x[1],2)+fn(x[2],3)-fn(x[3],4)+fn(x[4],5)==n)
        {   flag=true;
            for (int j=0; j<5; j++)     //输出解
                cout << x[j];
            cout << endl;
        }
        return;
    }
    if (flag) return;                   //表示已经有结果了
    for (int j=i;j<m;j++)
    {   swap(str[i],str[j]);
```

```
                x[i]=str[i];
                dfs(i+1);
                swap(str[i],str[j]);
        }
    }
}
int main()
{   while (true)
    {   cin >> n;                                  //输入 n
        if (n==0) break;                           //n=0 结束
        cin >> str;                                //输入字符串
        m=strlen(str);                             //求出其长度
        flag=false;                                //设置有无解标志
        sort(str,str+m,greater<char>());           //按字典序递减排序
        dfs(0);                                    //从 0 开始搜索
        if (!flag)
            cout << "no solution" << endl;
    }
    return 0;
}
```

3.5.5   在线编程题5   求解马走棋问题

问题描述：在 m 行 n 列的棋盘上有一个中国象棋中的马，马走日字且只能向右走。请找到可行路径的条数，使得马从棋盘的左下角 $(1,1)$ 走到右上角 (m,n)。

输入描述：输入多个测试用例，每个测试用例包括一行，各有两个正整数 n、m，以输入 $n=0$、$m=0$ 结束。

输出描述：每个测试用例输出一行，表示相应的路径条数。

输入样例：

```
4 4
0 0
```

样例输出：

```
2
```

说明：样例对应的两条路径是 $(1,1)(3,2)(4,4)$ 和 $(1,1)(2,3)(4,4)$。

解：在 m 行 n 列的棋盘上，若象棋马的位置为 (x,y)，其满足要求的 4 种走法如图 3.4 所示，采用以下增量数组表示。

```
int dx[4]={1,2,2,1};
int dy[4]={-2,-1,1,2};
```

用二维数组 visited 表示棋盘上的对应位置是否已经访问。采用深度优先的回溯算法，

		$(x+1, y-2)$		
			$(x+2, y-1)$	
	(x,y)			
			$(x+2, y+1)$	
		$(x+1, y+2)$		

图 3.4 马的 4 种走法

对应的完整程序如下:

```cpp
# include < iostream >
# include < string.h >
using namespace std;
# define MAXN 21
# define MAXM 21
int dx[4]={1,2,2,1};
int dy[4]={-2,-1,1,2};
//问题表示
int n, m;
//求解结果表示
int cnt;                                           //路径条数
int visited[MAXM][MAXN];
void solve(int x, int y)                           //求解算法
{   visited[x][y]=1;
    if (x==n && y==m)                              //找到目标位置
        cnt++;                                     //路径条数增加 1
    for (int i=0;i<=3;i++)                         //试探所有可走路径
    {   int x1=x+dx[i];                            //求出从(x,y)走到的位置(x1,y1)
        int y1=y+dy[i];
        if (x1<1 || x1>n || y1<1 || y1>m)          //跳过越界位置
            continue;
        if (visited[x1][y1]==0)                    //仅仅考虑没有访问的位置
            solve(x1,y1);
    }
    visited[x][y]=0;                               //回溯
}
int main()
{   while (true)
    {   scanf("%d%d",&n,&m);
        if (n==0 && m==0) break;
        cnt=0;
        memset(visited,0,sizeof(visited));
        solve(1,1);
        printf("%d\n",cnt);
    }
    return 0;
}
```

3.5.6 在线编程题 6 求解最大团问题

问题描述：一个无向图 G 中含顶点个数最多的完全子图称为最大团。输入含 n 个顶点（顶点编号为 $1 \sim n$）、m 条边的无向图，求其最大团的顶点个数。

输入描述：输入多个测试用例，每个测试用例的第 1 行包含两个正整数 n、m，接下来 m 行，每行两个整数 s、t，表示顶点 s 和 t 之间有一条边，以输入 $n = 0$、$m = 0$ 结束，规定 $1 \leqslant n \leqslant 50$、$1 \leqslant m \leqslant 300$。

输出描述：每个测试用例输出一行，表示相应的最大团的顶点个数。

输入样例：

```
5 6
1 2
2 3
2 4
3 4
3 5
4 5
0 0
```

样例输出：

```
3
```

解：用 x 数组表示当前最大团，$x[i] = 1$ 表示当前团包含顶点 i，cn 表示当前团的顶点个数，用 bestn 表示最大团的顶点数。

从顶点 1 出发深度优先搜索，若当前顶点 i 与 x 中所有团的顶点相连，则选择将顶点 i 加入到当前团中（对应左子树）；否则不选择顶点 i 进入右子树，采用的剪枝方式是当前团的顶点个数 cn + 剩余的顶点个数 $n - i \geqslant$ bestn。到达叶子结点时通过比较求 bestn（初始值为 0）。

对应的完整程序如下：

```
#include <stdio.h>
#include <string.h>
#define MAXN 51
#define MAXE 301
//问题表示
int n,m;                                    //n个顶点、m条边
int a[MAXN][MAXN];
//求解结果表示
int x[MAXN];                                //当前解
int cn;                                     //当前解的顶点数
int bestn;                                  //最大团的顶点数
void dfs(int i)                             //求最大团
{   if (i>n)                                //到达叶子结点
    {   if (cn>bestn)
            bestn = cn;
```

```
            return;
        }
        bool complete=true;                     //检查顶点i与当前团的相连关系
        for (int j=1; j<i; j++)
            if (x[j] && a[i][j] == 0)
            {   complete=false;                 //顶点i与顶点j不相连
                break;
            }
        if (complete)                           //全相连,进入左子树
        {   x[i]=1;                             //选中顶点i
            cn++;
            dfs(i+1);
            x[i]=0;                             //回溯
            cn--;
        }
        if (cn+n-i>= bestn)                     //剪枝(右子树)
        {   x[i] = 0;                           //不选中顶点i
            dfs(i+1);
        }
    }
}
int main()
{   int s,t;
    while (true)
    {   bestn=0;
        scanf("%d%d",&n,&m);
        if (n==0 && m==0) break;
        memset(a,0,sizeof(a));
        memset(x,0,sizeof(x));
        for (int i=1;i<=m;i++)
        {   scanf("%d%d",&s,&t);
            a[s][t]=1;
            a[t][s]=1;
        }
        dfs(1);
        printf("%d\n",bestn);
    }
    return 0;
}
```

3.5.7　在线编程题7　求解幸运的袋子问题

问题描述:一个袋子里面有 n 个球,在每个球上面都有一个号码(拥有相同号码的球是无区别的)。对于一个袋子,当且仅当所有球的号码的和大于所有球的号码的积时是幸运的。例如,如果袋子里面的球的号码是{1,1,2,3},这个袋子就是幸运的,因为 $1+1+2+3>1\times1\times2\times3$。另外,可以适当从袋子里移除一些球(可以移除 0 个,但是不要移除完),要使移除后的袋子是幸运的。现在编程计算可以获得多少种不同的幸运袋子。

输入描述:第 1 行输入一个正整数 $n(n\leqslant1000)$,第 2 行为 n 个正整数 $a_i(a_i\leqslant1000)$。

输出描述:输出可以产生的幸运的袋子数。

输入样例：

```
3
1 1 1
```

样例输出：

```
2
```

解：本题目实际上是一个选择问题,从袋子中选择一种满足条件的球得到一个幸运的袋子(不必真的移除一些球)。如果每个球上面的号码不相同,该问题就是求子集＋条件判断问题。因为存在相同号码的球,如果仅仅对 n 个球进行选择和不选择处理,其中会包括重复的情况。所以先由 $a[1..n]$ 产生不相同号码的个数 m, times$[j]$ 表示号码为 j 的球的个数。

对于当前处理的号码为 $a[i]$ 的球,若 $i > m$,到达叶子结点,否则考虑不选择号码为 $a[i]$ 的球和选择号码为 $a[i]$ 的球,而后者有 times$[a[i]]$ 种情况(即选择一个号码为 $a[i]$ 的球,选择两个号码为 $a[i]$ 的球……选择 times$[a[i]]$ 个号码为 $a[i]$ 的球)。用 sum 表示所有选中球的号码的和,mult 表示所有选中球的号码的积,一旦满足 sum＞mult,解个数 ans 增加 1。最后 ans 即为所求。

对应的完整程序如下：

```
#include <stdio.h>
#include <string.h>
#define MAXN 1005
//问题表示
int n;
int a[MAXN];
//求解结果表示
int ans;                                    //可以产生的幸运的袋子数
//求解过程表示
int times[MAXN];                            //times[i]表示元素 t 出现的次数
int m;                                      //times 数组中元素的个数(不同号码球的个数)
void init()                                 //初始化
{   int t;
    m=0;
    memset(times,0,sizeof(times));
    for(int i=1;i<=n;i++)
    {   scanf("%d",&t);
        if(times[t]==0)
            a[++m]=t;
        times[t]++;
    }
}
void dfs(int i,int sum,int mult)            //深度优先搜索
{   if (i>m) return;
    dfs(i+1,sum,mult);                       //不选择 a[i]号码的球
```

```
    for(int j=1;j<=times[a[i]];j++)              //选择 a[i]号码的球,选中 j 个
    {   sum+=a[i];
        mult*=a[i];
        if(i!=1 && mult>=sum) break;
        if(sum>mult) ans++;                      //找到一个满足条件的解
        dfs(i+1,sum,mult);
    }
}
int main()
{   while (scanf("%d",&n)!=EOF)
    {   init();
        ans=0;
        dfs(1,0,1);
        printf("%d\n",ans);
    }
    return 0;
}
```

3.6   第6章——分枝限界法

3.6.1   在线编程题 1   求解饥饿的小易问题

问题描述:小易总是感到饥饿,所以作为章鱼的小易经常出去寻找贝壳吃。最开始小易在一个初始位置 x_0。对于小易所处的当前位置 x,它只能通过神秘的力量移动到 $4 \times x + 3$ 或者 $8 \times x + 7$。因为使用神秘力量要耗费太多体力,所以它最多只能使用神秘力量 100 000 次。贝壳总生长在能被 1 000 000 007 整除的位置(比如位置 0、位置 1 000 000 007、位置 2 000 000 014 等)。小易需要你帮忙计算最少使用多少次神秘力量就能吃到贝壳。

输入描述:输入一个初始位置 x_0,范围为 1~1 000 000 006。

输出描述:输出小易最少需要使用神秘力量的次数,如果次数使用完还没找到贝壳,则输出−1。

输入样例:

125000000

样例输出:

1

解:本题可以理解为从 x0 开始,每次有两种移动方法($4 \times x + 3$ 或者 $8 \times x + 7$),看成一个二叉树,采用广度优先遍历方法,当出队元素为 0(找到贝壳)时返回移动次数。所以很容易设计如下程序:

```
# include < iostream >
# include < queue >
const long MOD = 1000000007L;
using namespace std;
struct NodeType                              //队列结点类型
{   long x;
    int num;                                 //次数
};
int bfs(long x0)
{   NodeType e,e1;
    if (x0<1 || x0>1000000006L)
        return −1;
    x0 %= MOD;
    queue< NodeType > qu;                     //定义一个队列
    e. x= x0;
    e. num=0;
    qu. push(e);                              //x0 对应的结点进队
    while(!qu. empty())                       //队不空时循环
    {   e=qu. front(); qu. pop();             //出队元素 e
        if (e. x==0)                          //找到贝壳,返回次数
            return e. num;
        if(e. num <= 100000)                  //移动次数小于等于 100000
        {   long x1=(4 * e. x+3) % MOD;       //x 一次移动
            e1. x= x1;
            e1. num=e. num+1;
            qu. push(e1);                     //移动结果进队
            long x2=(8 * e. x+7) % MOD;       //x 一次移动
            e1. x= x2;
            e1. num=e. num+1;
            qu. push(e1);                     //移动结果进队
        }
    }
    return −1;
}
int main( )
{   long x0;
    while(cin >> x0)
        cout << bfs(x0) << endl;
    return 0;
}
```

但问题是队列 qu 中可能存在很多相同 x 的结点(因为(4 $*$ x+3)％MOD 和(8 $*$ x+7)％MOD 的值可能相同),从而导致队列元素太多,超过限制的内存空间。改进的方法是用队列保存 x 的模值,用 map< long,int>容器 mymap 存放 x 的模值对应的移动次数,每次扩展 x 时检查子结点的(4 $*$ x+3)％MOD 和(8 $*$ x+7)％MOD 是否重复,若重复,不必进队,否则才需要进队。对应的完整程序如下:

```
# include <iostream>
# include <queue>
# include <map>
const long MOD = 1000000007L;
using namespace std;
int bfs(long x0)
{    if (x0 < 1 || x0 > 1000000006L)
         return -1;
    x0 %= MOD;
    queue <long> qu;                          //定义一个队列
    map <long, int> mymap;                     //存放 x 模值的移动次数
    qu.push(x0);                               //x0 进队
    mymap[x0] = 0;                             //开始时 x0 对应的移动次数为 0
    while(!qu.empty())                         //队不空时循环
    {    long e=qu.front();                    //出队元素 e
         qu.pop();
         if (0==e)                             //找到贝壳,返回次数
             return mymap[e];
         if(mymap[e]<=100000)                  //移动次数小于等于 100000
         {    long x1=(4*e+3) % MOD;           //x 一次移动
              if(mymap.find(x1)==mymap.end())  //mymap 中没有找到
              {    mymap[x1]=mymap[e]+1;        //次数增加 1
                   qu.push(x1);                 //移动结果进队
              }
              long x2=(8*e+7) % MOD;           //x 一次运算
              if(mymap.find(x2)==mymap.end())  //mymap 中没有找到
              {    mymap[x2]=mymap[e]+1;        //次数增加 1
                   qu.push(x2);                 //移动结果进队
              }
         }
    }
    return -1;
}
int main()
{    long x0;
    while(cin >> x0)
    cout << bfs(x0) << endl;
    return 0;
}
```

3.6.2 在线编程题 2 求解最小机器重量设计问题 I

问题描述见 3.5.2 小节。

设某一机器由 n 个部件组成,部件编号为 $1 \sim n$,每一种部件都可以从 m 个供应商处购得,供应商编号为 $1 \sim m$。设 w_{ij} 是从供应商 j 处购得的部件 i 的重量,c_{ij} 是相应的价格。对于给定的机器部件重量和机器部件价格,计算总价格不超过 cost 的最小重量机器设计,可以在同一个供应商处购得多个部件。

解:采用优先队列式搜索求解最小重量机器设计,用 bestw 存放满足条件的最小重量

(初始值为∞),用 bestc 存放满足条件的最小价格(初始值为∞),结点的 x 数组成员存放当前解,部件编号为 $1\sim n$,$x[i]=j$ 表示部件 i 选择供应商 j($x[i]=0$ 表示部件 i 没有选择供应商),bestx 数组存放最优解。采用 STL 的优先队列容器,其结点类型如下:

```
typedef struct
{   int no;                      //结点编号
    int i;                       //当前结点在解空间中的层次
    int w;                       //当前结点的总重量
    int c;                       //当前结点的总价格
    int x[MAXN];                 //当前结点包含的解向量
} NodeType;
```

对于出队的 e 结点,如果 $e.i=n$,表示是叶子结点。如果 e 不是叶子结点,考虑为 $e.i$ 选择供应商,可以选择 $1\sim n$ 的每个供应商,所以其扩展结点个数不一定只有两个,为此 j 从 1 到 n 循环。剪枝的条件是 $e.c+c[e.i+1][j]\leqslant$cost && $e.c+c[e.i+1][j]<$bestc && $e.w+w[e.i+1][j]<$bestw,即选择总价格$\leqslant$cost、总重量小于最小重量 bestw 和总价格小于最小价格 bestc 的结点进行扩展,产生扩展结点 $e1$,将其进队。

对应的完整程序如下:

```
# include < stdio.h >
# include < string.h >
# include < queue >
using namespace std;
# define INF 0x3f3f3f3f
# define MAXN 102
# define MAXM 102
//问题表示
int n;                           //部件数
int m;                           //供应商数
int cost;                        //限定价格
int w[MAXN][MAXM];               //w[i][j]为第 i 个零件在第 j 个供应商处的重量
int c[MAXN][MAXM];               //c[i][j]为第 i 个零件在第 j 个供应商处的价格
typedef struct                   //队列中的结点类型
{   int no;                      //结点编号
    int i;                       //当前结点在解空间中的层次
    int w;                       //当前结点的总重量
    int c;                       //当前结点的总价格
    int x[MAXN];                 //当前结点包含的解向量
} NodeType;
struct Cmp                       //队列中的关系比较函数
{   bool operator()(const NodeType &s, const NodeType &t)
    {   return (s.w > t.w) || (s.w==t.w && s.c>t.c);
        //w 越小越优先,当 w 相同时 v 越小越优先
    }
};
//求解结果表示
int bestw = INF;                 //最优方案的总重量
```

```
int bestc＝INF;                                          //最优方案的总价格
int bestx[MAXN];                                         //最优方案,bestx[i]表示部件 i 分配的供应商
int Count＝1;                                            //搜索空间中的结点数累计,全局变量
void solve()                                            //求最小重量机器设计的最优解
{    NodeType e,e1;                                      //定义两个结点
     priority_queue＜NodeType,vector＜NodeType＞,Cmp＞ qu;      //定义一个优先队列 qu
     e.no＝Count＋＋;                                     //设置结点编号
     e.i＝0;                                             //根结点层次计为 0,叶子结点层次为 n
     e.w＝0;
     e.c＝0;
     memset(e.x,0,sizeof(e.x));                          //初始化根结点的解向量
     qu.push(e);                                         //根结点进队
     while (!qu.empty())                                 //队不空时循环
     {    e＝qu.top(); qu.pop();                          //出队结点 e 作为当前结点
          if (e.i＝＝n)                                   //e 是一个叶子结点
          {    if (e.c<＝cost && e.c<bestc && e.w<bestw)      //比较找最优解
               {    //选择总价格<cost、最小重量和最小价格的方案
                    bestw＝e.w;                           //更新 bestw
                    bestc＝e.c;                           //更新 bestc
                    for (int j＝1;j<＝n;j＋＋)              //复制解向量 e.x -> bestx
                         bestx[j]＝e.x[j];
               }
          }
          else                                           //e 不是叶子结点
          {    for (int j＝1; j<＝m; j＋＋)                //每一层检查所有供应商 j
               {    if (e.c＋c[e.i＋1][j]<＝cost && e.c＋c[e.i＋1][j]<bestc
                    && e.w＋w[e.i＋1][j]<bestw)
                    {    /＊剪枝:选择总价格<＝cost、总重量小于最小重量
                              和总价格小于最小价格进行扩展＊/
                         e1.no＝Count＋＋;                 //设置结点编号
                         e1.i＝e.i＋1;                     //建立孩子结点
                         e1.w＝e.w＋w[e1.i][j];            //修改 e.w
                         e1.c＝e.c＋c[e1.i][j];            //修改 e.c
                         for (int k＝1; k<＝n; k＋＋)        //复制解向量 e.x -> e1.x
                              e1.x[k]＝e.x[k];
                         e1.x[e1.i]＝j;                    //为部件选择供应商 j
                         qu.push(e1);                     //孩子结点 e1 进队
                    }
               }
          }
     }
}
int main()
{    int i,j;
     scanf("%d%d%d",&n,&m,&cost);                        //输入部件数、供应商数、限定价格
     for(i＝1; i<＝n; i＋＋)                               //输入各部件在不同供应商处的重量
          for(j＝1; j<＝m; j＋＋)
               scanf("%d",&w[i][j]);
     for(i＝1; i<＝n; i＋＋)                               //输入各部件在不同供应商处的价格
```

```
        for(j=1; j<=m; j++)
            scanf("%d",&c[i][j]);
    solve();
    for(i=1;i<=n;i++)                           //输出每个部件的供应商
        printf("%d",bestx[i]);
    printf("\n%d\n",bestw);                      //输出最小重量
    return 0;
}
```

3.6.3   在线编程题 3   求解最小机器重量设计问题 Ⅱ

问题描述见 3.5.3 小节。

解：与上一个题目类似，只是这里要求所有部件在不同供应商处购买，为此在 NodeType 结点类型中添加成员数组 y，$y[j]$ 表示供应商 j 是否已经供货，$y[j]=1$ 表示供应商 j 前面已经供货，否则还没有供货。所以在出队结点 e 时，若不是叶子结点，检查所有供应商 j，仅仅考虑在解向量 $e.x$ 中没有出现的供应商 j（即满足 $e.y[j]=0$ 条件）进行扩展。对应的完整程序如下：

```
# include <stdio.h>
# include <string.h>
# include <queue>
using namespace std;
# define INF 0x3f3f3f3f
# define MAXN 10
# define MAXM 10
//问题表示
int n;                              //部件数
int m;                              //供应商数
int cost;                           //限定价格
int w[MAXN][MAXM];                  //w[i][j]为第 i 个部件在第 j 个供应商处的重量
int c[MAXN][MAXM];                  //c[i][j]为第 i 个部件在第 j 个供应商处的价格
typedef struct
{   int no;                         //结点编号
    int i;                          //当前结点在解空间中的层次
    int w;                          //当前结点的总重量
    int c;                          //当前结点的总价格
    int x[MAXN];                    //x[i]表示部件 i 对应的供应商,即解向量
    int y[MAXN];                    //y[j]表示供应商 j 是否已供货
} NodeType;
struct Cmp                          //队列中的关系比较函数
{   bool operator()(const NodeType &s, const NodeType &t)
    {   return (s.w>t.w) || (s.w==t.w && s.c>t.c);
            //w 越小越优先,当 w 相同时 v 越小越优先
    }
};
//求解结果表示
int bestw=INF;                      //最优方案的总重量
```

```
int bestc=INF;                                    //最优方案的总价格
int bestx[MAXN];                                  //最优方案,bestx[i]表示部件i分配的供应商
int Count=1;                                      //搜索空间中的结点数累计,全局变量
void solve()                                      //求最小重量机器设计的最优解
{   NodeType e,e1;                                //定义两个结点
    priority_queue<NodeType,vector<NodeType>,Cmp> qu;        //定义一个优先队列 qu
    e.no=Count++;                                 //设置结点编号
    e.i=0;                                        //根结点层次计为 0,叶子结点层次为 n
    e.w=0;
    e.c=0;
    memset(e.x,0,sizeof(e.x));                    //初始化根结点的解向量
    memset(e.y,0,sizeof(e.y));                    //初始化根结点的 y
    qu.push(e);                                   //根结点进队
    while (!qu.empty())                           //队不空时循环
    {   e=qu.top(); qu.pop();                     //出队结点 e 作为当前结点
        if (e.i==n)                               //e 是一个叶子结点
        {   if (e.c<=cost && e.c<bestc && e.w<bestw)       //比较找最优解
            {   //选择总价格<cost、最小重量和最小价格的方案
                bestw=e.w;                        //更新 bestw
                bestc=e.c;                        //更新 bestc
                for (int j=1;j<=n;j++)            //复制解向量 e.x -> bestx
                    bestx[j]=e.x[j];
            }
        }
        else                                      //e 不是叶子结点
        {   for (int j=1; j<=m; j++)              //每一层检查所有供应商 j
            {   if (e.y[j]==0)                    //供应商 j 还没有供货
                {   if (e.c+c[e.i+1][j]<=cost && e.c+c[e.i+1][j]<bestc
                        && e.w+w[e.i+1][j]<bestw)
                    {   /* 剪枝:选择总价格<=cost、总重量小于最小重量和
                           总价格小于最小价格进行扩展 */
                        e1.no=Count++;            //设置结点编号
                        e1.i=e.i+1;               //建立孩子结点
                        e1.w=e.w+w[e1.i][j];      //修改 e.w
                        e1.c=e.c+c[e1.i][j];      //修改 e.c
                        for (int k=0; k<=n; k++)  //复制解向量 e.x -> e1.x
                            e1.x[k]=e.x[k];
                        for (int k1=0; k1<=n; k1++) //复制 e.y -> e1.y
                            e1.y[k1]=e.y[k1];
                        e1.x[e1.i]=j;             //为部件选择供应商 j
                        e1.y[j]=1;                //供应商 j 已经供货
                        qu.push(e1);              //孩子结点 e1 进队
                    }
                }
            }
        }
    }
}
int main()
```

```
{   int i,j;
    scanf("%d%d%d",&n,&m,&cost);        //输入部件数、供应商数、限定价格
    for(i=1; i<=n; i++)                 //输入各部件在不同供应商处的重量
        for(j=1; j<=m; j++)
            scanf("%d",&w[i][j]);
    for(i=1; i<=n; i++)                 //输入各部件在不同供应商处的价格
        for(j=1; j<=m; j++)
            scanf("%d",&c[i][j]);
    solve();
    for(i=1;i<=n;i++)                   //输出每个部件的供应商
        printf("%d ",bestx[i]);
    printf("\n%d\n",bestw);             //输出最小重量
    return 0;
}
```

3.6.4　在线编程题4　求解最少翻译个数问题

问题描述：据美国动物分类学家欧内斯特·迈尔推算,世界上有超过100万种动物,各种动物有自己的语言。假设动物 A 可以与动物 B 进行通信,但它不能与动物 C 通信,动物 C 只能与动物 B 通信,所以动物 A、B 之间的通信需要动物 B 来当翻译。问两个动物之间相互通信至少需要多少个翻译。

测试数据中第1行包含两个整数 $n(2 \leqslant n \leqslant 200\ 000)$、$m(1 \leqslant m \leqslant 300\ 000)$,其中 n 代表动物的数量,动物编号从0开始,n 个动物编号为 $0 \sim n-1$,m 表示可以互相通信的动物对数,接下来的 m 行中包含两个数字,分别代表两种动物可以互相通信。再接下来包含一个整数 $k(k \leqslant 20)$,代表查询的数量,每个查找包含两个数字,表示这两个动物想要与对方通信。

编写程序,对于每个查询,输出这两个动物彼此通信至少需要多少个翻译,若它们之间无法通过翻译来通信,输出 −1。

输入样例：

```
3 2
0 1
1 2
2
0 0
0 2
```

样例输出：

```
0
1
```

解：n 个动物编号为 $0 \sim n-1$,动物之间的通信关系构成一个无向图,图采用邻接矩阵 A 表示,$A[i][j]=1$ 表示动物 i 和 j 之间能够通信。求两个动物 sno 和 tno 之间相互通信需要的最少翻译个数,就是从顶点 sno 到顶点 tno 的最短路径长度 -1,求最短路径长度采

用广度优先遍历方法。对应的完整程序如下：

```
# include <stdio.h>
# include <string.h>
# include <queue>
using namespace std;
# define MAXV 200001
//问题表示
int A[MAXV][MAXV];                              //图的邻接矩阵
int n,m,k;
int sno,eno;
int visited[MAXV];
struct NodeType                                 //队列结点类型
{   int vno;                                    //顶点编号
    int length;                                 //路径长度
};
int bfs(int sno,int eno)                        //广度优先搜索算法
{   if (sno==eno) return 0;
    NodeType e,e1;
    queue<NodeType> qu;                         //定义队列
    e.vno=sno;
    e.length=0;
    qu.push(e);                                 //结点 e 进队
    visited[e.vno]=1;
    while (!qu.empty())                         //队列不空时循环
    {   e=qu.front(); qu.pop();                 //出队结点 e
        if (e.vno==eno)
            return e.length-1;
        for (int j=0;j<n;j++)
        {   if (A[e.vno][j]!=0)                 //到顶点 j 有边
            {   if (visited[j]==0)
                {   e1.vno=j;
                    e1.length=e.length+1;
                    qu.push(e1);
                    visited[j]=1;
                }
            }
        }
    }
    return -1;
}
int main()
{   while (scanf("%d%d",&n,&m)==2)
    {   int a,b,i;
        memset(A,0,sizeof(A));
        memset(visited,0,sizeof(visited));
        for (i=0;i<m;i++)                       //根据输入建立邻接矩阵
        {   scanf("%d%d",&a,&b);
            A[a][b]=1;                          //无向图
            A[b][a]=1;
```

```
    }
    scanf("%d",&k);
    for (i=0;i<k;i++)
    {   scanf("%d %d",&sno,&eno);
        printf("%d\n",bfs(sno,eno));
    }
    }
    return 0;
}
```

3.7 第7章——贪心法 ✳

3.7.1 在线编程题1 求解最大乘积问题

问题描述：给定一个无序数组,包含正数、负数和 0,要求从中找出 3 个数的乘积,使得乘积最大,并且时间复杂度为 $O(n)$、空间复杂度为 $O(1)$。

输入描述：无序整数数组 $a[n]$。

输出描述：满足条件的最大乘积。

输入样例：

```
4
3 4 1 2
```

样例输出：

```
24
```

解：题目要求时间复杂度为 $O(n)$、空间复杂度为 $O(1)$。采用贪心思路,先对 a 递增排序(这里将调用 STL 的 sort()算法看成时间为 $O(1)$,在面试笔试中经常出现这种情况)。可以证明 $a[n-1] * a[0] * a[1]$ 和 $a[n-1] * a[n-2] * a[n-3]$ 中的最大值即为所求。对应的完整程序如下：

```
#include <stdio.h>
#include <algorithm>
using namespace std;
#define MAXN 101
#define max(x,y) ((x)>(y)?(x):(y))
//问题表示
int n;
int a[MAXN];
long solve()                    //求解算法
{   sort(a,a+n);
    long ans=max(a[n-1] * a[0] * a[1],a[n-1] * a[n-2] * a[n-3]);
```

```
        return ans;
    }
int main( )
{   scanf("%d",&n);
    for (int i=0; i<n; i++)
        scanf("%d",&a[i]);
    printf("%ld\n",solve());
    return 0;
}
```

说明：本题可以采用简单选择排序方法经过 5 趟产生 $a[0]$、$a[1]$、$a[n-3]$、$a[n-2]$、$a[n-1]$，然后求出 $\max(a[n-1]*a[0]*a[1], a[n-1]*a[n-2]*a[n-3])$，这样的时间复杂度为真正的 $O(n)$。

3.7.2　在线编程题 2　求解区间覆盖问题

问题描述：用 i 来表示 X 坐标轴上坐标为 $(i-1,i)$、长度为 1 的区间，并给出 $n(1 \leqslant n \leqslant 200)$ 个不同的整数，表示 n 个这样的区间。现在要求画 m 条线段覆盖住所有的区间，条件是每条线段可以任意长，但是要求所画线段的长度之和最小，并且线段的数目不超过 $m(1 \leqslant m \leqslant 50)$。

输入描述：输入包括多组数据，每组数据的第 1 行表示区间个数 n 和所需线段数 m，第 2 行表示 n 个点的坐标。

输出描述：每组输出占一行，输出 m 条线段的最小长度和。

输入样例：

```
5 3
1 3 8 5 11
```

样例输出：

```
7
```

解：采用贪心思路，n 个区间会产生 $n-1$ 个间断，间隔有大有小，按照从大到小的顺序把线段间的间隔排好。假设初始状态下有一整条线段覆盖整个区域，每一步都从间隔最大的位置上断开该线段，直到断开 $m-1$ 次，此时一整条线段就被分成了 m 截且这 m 截线段的长度和最小。

对应的完整程序如下：

```
# include <iostream>
# include <string. h>
# include <functional>
# include <algorithm>
using namespace std;
# define MAX 201
//问题表示
int n,m;
```

```
int a[MAX];
//求解结果表示
int ans;
void solve( )
{    int d[MAX];
    sort(a,a+n,greater<int>());           //从大到小排序区间
    for(int i=0; i<n-1;i++)               //求出各个间隔
        d[i]=a[i]-a[i+1]-1;
    sort(d,d+n-1,greater<int>());          //从大到小排序间隔
    if (m>n)                              //如果 m>n,直接输出 n
        ans=n;
    else
    {    int num=1;                       //累计线段数
        ans=a[0]-a[n-1]+1;               //初始线段总长
        int j=0;
        while(num<m && d[j]>0)
        {    num++;
            ans=ans-d[j];                //减去间隔
            j++;
        }
    }
}
int main( )
{    while(~scanf("%d %d",&n,&m))
    {    for(int i=0; i<n; i++)
            scanf("%d", &a[i]);
        solve( );
        printf("%d\n", ans);
    }
    return 0;
}
```

3.7.3 在线编程题 3 求解 Wooden Sticks(POJ 1230)问题

问题描述：有 n 个需要加工的木棍,每个木棍有长度 L 和重量 W 两个参数,机器处理第一个木棍用时 1 分钟,如果当前处理的木棍为 L 和 W,之后处理的木棍 L' 和 W' 若满足 $L \leqslant L'$ 并且 $W \leqslant W'$,则不需要额外的时间,否则需要加时 1 分钟。需要求出给定木棍的最少加工时间。例如 5 个木棍的长度和重量分别是 $(9,4)$、$(2,5)$、$(1,2)$、$(5,3)$、$(4,1)$,则最少时间为 2 分钟,加工顺序是 $(4,1)$、$(5,3)$、$(9,4)$、$(1,2)$、$(2,5)$。

输入描述：输入第 1 行为整数 t,表示测试用例个数。每个测试用例的第 1 行为 $n(1 \leqslant n \leqslant 10\,000)$,表示木棍数,第 2 行是 $2n$ 个整数 l_1、w_1、l_2、w_2、$\cdots$、l_n、w_n,每个整数最大为 $10\,000$。

输出描述：每个测试用例对应一行,即加工需要的最少分钟数。

输入样例：

3
5

```
4 9 5 2 2 1 3 5 1 4
3
2 2 1 1 2 2
3
1 3 2 2 3 1
```

样例输出：

```
2
1
3
```

解：本题目与《教程》中的例 7.2 相同,需要求最大兼容活动子集的个数。将每个木棍看成一个活动,木棍重量看成结束时间,将木棍重量和长度按递增排序,通过枚举每个木棍的重量判断 W 有多少个上升的序列。

对应的完整程序如下：

```
#include <iostream>
#include <string.h>
#include <algorithm>
using namespace std;
#define MAXN 10010
//问题表示
int t,n;
struct NodeType
{    int l;
     int w;
     friend bool operator < (NodeType a, NodeType b)
     {    if (a.l!=b.l)              //长度不相同按长度递增排序
              return a.l < b.l;
          return a.w < b.w;          //长度相同按重量递增排序
     }
} s[MAXN];                           //存放所有木棍
//求解结果表示
int ans;                             //最少时间
bool flag[MAXN];                     //兼容活动标志
void solve()                         //求解算法
{    sort(s+1,s+n+1);
     memset(flag,0,sizeof(flag));
     ans=0;
     for (int j=1;j<=n;j++)
     {    if (!flag[j])
          {    flag[j]=true;
               int preend=j;         //前一个兼容活动的下标
               for (int i=preend+1;i<=n;i++)
               {    if (s[i].w>=s[preend].w && !flag[i])
                    {    preend=i;
                         flag[i]=true;
```

```
                    }
               }
               ans++;                          //增加一个最大兼容活动子集
           }
       }
}
int main()
{   cin >> t;
    while (t--)
    {   cin >> n;
        for (int i=1; i<=n; i++)
            cin >> s[i].l >> s[i].w;
        solve();
        cout << ans << endl;
    }
    return 0;
}
```

3.7.4　在线编程题4　求解奖学金问题

问题描述：小 v 今年有 n 门课(课程编号为 $0 \sim n-1$)，每门课程都有考试，为了拿到奖学金，小 v 必须让自己所有课程的平均成绩至少为 avg。每门课由平时成绩和考试成绩相加得到，满分为 r。现在他知道每门课的平时成绩为 $a_i(0 \leqslant i \leqslant n-1)$，若想让这门课的考试成绩多拿 1 分，小 v 要花 b_i 的时间复习，如果不复习，当然就是 0 分。同时，显然可以发现复习得再多也不会拿到超过满分的分数。为了拿到奖学金，小 v 至少要花多少时间复习。

输入描述：输入包含多个测试用例。每个测试用例的第 1 行为整数 $n(1 \leqslant n \leqslant 200)$，表示课程门数，接下来的 n 行，每行两个整数，分别表示一门课的平时成绩和 b_i，最后一行输入满分 r 和希望达到的平均成绩 avg。以输入 $n=0$ 结束。

输出描述：每个测试用例输出一行，表示小 v 要花的最少复习时间。

输入样例：

```
4
80 5
70 2
90 3
60 1
100 92.5
0
```

样例输出：

```
30
```

解：用结构体数组 A 存放小 v 所有课程的数据，$A[i].a$ 表示课程 i 的平时成绩，$A[i].b$ 表示课程 i 得到 1 分所需的单位复习时间。

采用贪心法的思想,每次选择复习代价最小的进行复习,并拿到满分,直到分数达到平均分。其过程是先将 A 数组按单位复习时间 b 递增排序,再从 $A[0]$ 到 $A[n-1]$ 累计达到要求所需要的最少复习时间。用 Sums 表示小 v 达到条件的总分,用 sum 表示小 v 已经得到的分数,则课程 j 达到要求的分数是 $\min(\text{Sums-sum}, r-A[j].a)$,因为在课程 j 上花费再多的时间也不可能超过满分 r。

对应的完整程序如下:

```cpp
#include <stdio.h>
#include <algorithm>
using namespace std;
#define MAXN 201
#define min(x,y) ((x)<(y)?(x):(y))
//问题表示
int n;                                  //课程门数
struct NodeType
{   int a;                              //课程i的平时成绩
    int b;                              //课程i多拿1分要花的复习时间
    bool operator <(const NodeType &s)
    {                                   //用于按单位复习时间递增排序
        return b<s.b;
    }
};
NodeType A[MAXN];
double avg;                             //小v要达到的平均成绩
int r;                                  //课程满分
//求解结果表示
int effort=0;                           //小v需要的复习时间
void solve()                            //求解奖学金问题
{   int Sums=(int)n*avg;                //小v达到条件的总分
    int sum=0;                          //小v的现有课程的总分
    for (int i=0;i<n;i++)
        sum+=A[i].a;
    sort(A,A+n);                        //按单位复习时间递增排序
    for (int j=0;j<n;j++)
    {   if (sum>=Sums)                  //已经达到要求
            break;
        sum+=min(Sums-sum,r-A[j].a);    //累计课程j达到要求的分数
        effort+=A[j].b*min(Sums-sum,r-A[j].a);  //累计课程j达到要求的复习时间
    }
}
int main()
{   while (true)
    {   scanf("%d",&n);
        if (n==0) break;
        for (int i=0;i<n;i++)
            scanf("%d%d",&A[i].a,&A[i].b);
        scanf("%d%lf",&r,&avg);
        solve();
```

```
        printf("%d\n",effort);
    }
    return 0;
}
```

3.7.5 在线编程题 5 求解赶作业问题

问题描述：小 v 上学，老师布置了 n 个作业，每个作业小 v 恰好需要一天做完，每个作业都有最后提交时间及其逾期的扣分。请你给出小 v 做作业的顺序，以便扣最少的分数。

输入：输入包含多个测试用例。每个测试用例第一行为整数 $n(1 \leqslant n \leqslant 100)$，表示作业数，第 2 行包括 n 个整数表示每个作业最后提交的时间（天），第 3 行包括 n 个整数表示每个作业逾期的扣分。以输入 $n=0$ 结束。

输出：每个测试用例对应两行输出，第一行为做作业的顺序（作业编号之间用空格分隔），第 2 行为最少的扣 3 分。

输入样例：

```
3               //3 个作业
1 3 1           //最后提交的时间(天)
6 2 3           //逾期的扣分
0
```

样例输出：

```
1 2
3
```

解：假设作业的编号按输入顺序依次是 1～n，用数组 A 存放 n 个作业的编号、最后提交时间和逾期扣分。采用贪心思路，尽可能先做扣分最多的作业，为此先将作业按逾期扣分递减排序（扣分相同的按提交时间递增排序），用 besfs 累计最少扣分（初始为 0），flag 数组标志某天是否为空（初始均为 false）。然后顺序处理 A 中的作业 A[i]，查找该作业提交时间 A[i].deadline 之前是否有空时间，若有空时间，则选择做该作业，否则不能做该作业，将其扣分累计到 bests 中。

对应的完整程序如下：

```
#include<algorithm>
using namespace std;
#define max(x,y) ((x)>(y)?(x):(y))
#define MAX 101
//问题表示
struct Action
{   int no;                           //作业编号
    int deadline;                     //最后提交的时间
```

```cpp
        int score;                                    //逾期的扣分
        bool operator < (const Action t) const
        {    if (score==t.score)                      //扣分相同按提交时间递增排序
             return deadline < t.deadline;
        else
             return score > t.score;                  //按逾期扣分递减排序
        }
};
int n;
Action A[MAX];
//求解结果表示
bool flag[MAX];                                       //空时间标志
int bests=0;                                          //最少的扣分
void solve()                                          //求解赶作业问题
{    int i,j;                                         //累计做过作业的时间
    for (i=0;i<n;i++)
    {    for (j=A[i].deadline;j>0;j--)                //在当前作业最后提交时间之前找空时间
         {    if (flag[j]==false)                     //找到了空时间
              {    printf("%d ",A[i].no);             //选择做作业 A[i].no
                  flag[j]=true;
                  break;
              }
         }
         if (j==0)                                    //当前作业最后提交时间之前找不到空时间
              bests+=A[i].score;                      //不选择做作业 A[i].no
    }
}
int main()
{    int i;
    while(true)
    {    scanf("%d",&n);
         if (n==0) break;
         for (i=0;i<n;i++)                            //输入作业的最后提交时间
         {    A[i].no=i+1;
              scanf("%d",&A[i].deadline);
         }
         for (i=0;i<n;i++)                            //输入作业的逾期扣分
              scanf("%d",&A[i].score);
         solve();
         printf("\n%d\n",bests);                      //输出最少扣分
    }
    return 0;
}
```

3.8　第8章——动态规划

3.8.1　在线编程题1　求解公路上任意两点的最近距离问题

问题描述：某环形公路上有 n 个站点，分别记为 a_1、a_2、$\cdots$、a_n，从 a_i 到 a_{i+1} 的距离为 d_i，从 a_n 到 a_1 的距离为 d_0，假设 $d_0 = d_n = 1$，保存在数组 d 中，编写一个函数高效地计算出公路上任意两点的最近距离，要求空间复杂度不超过 $O(n)$。程序的模板如下：

```
const int N=100;
double D[N];
...
void preprocess()
{
    //代码部分
}
double Distance(int i, int j)
{
    //代码部分
}
```

解： 用数组 D 存放距离，站点编号为 $1 \sim n$，假设采用顺时针方向编号。$D[0] = 1$，$D[i]$ 表示站点 i 与站点 $i+1$ 之间的距离。设置一个 dp 数组，其中 dp[i] 表示从站点 n 出发按顺时针方向达到站点 i 的距离，显然有如下状态转移方程：

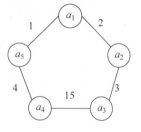

图 3.5　一条环形公路

$$
\begin{aligned}
\mathrm{dp}[0] &= D[0] \\
\mathrm{dp}[i] &= \mathrm{dp}[i-1] + D[i] \qquad \text{当 } i > 0 \text{ 时}
\end{aligned}
$$

对于如图 3.5 所示的环形公路，求出的 D 和 dp 数组元素值如表 3.1 所示。

表 3.1　D 和 dp 数组元素值

下标 i	0	1	2	3	4
$D[i]$	1	2	3	15	4
dp[i]	1	3	6	21	25

对于任意给定的站点 i 和 j，假设 $i < j$，从站点 i 到 j 只有顺时针和逆时针两条路径，顺时针方向的路径长度 pathsum1 $=$ dp[$j-1$]$-$dp[$i-1$]，逆时针方向的路径长度 pathsum2 $=$ 环形公路的总长度 sum$-$pathsum1，比较两者，最小值即为所求。

对应的完整程序如下：

```
# include < stdio.h >
# define min(x,y) ((x)<(y)?(x):(y))
const int N=100;
double D[N];
double dp[N];
int n;
double sum=1.0;                            //存放环形公路的总长度
void preprocess()                          //求 dp[i]和 sum
{    dp[0]=D[0];
     for (int i=1;i<n;i++)
     {    dp[i]=dp[i-1]+D[i];              //求 dp[i]
          sum+=D[i];                       //求 sum
     }
}
double Distance(int i,int j)               //保证 j>i
{    double pathsum1=dp[j-1]-dp[i-1];
     double pathsum2=sum-pathsum1;
     return min(pathsum1,pathsum2);
}
int main()
{    int a,b;
     scanf("%d",&n);                       //输入 n
     D[0]=1.0;
     for(int i=1;i<n;i++)                  //输入 D[1..n-1]
          scanf("%lf",&D[i]);
     preprocess();
     scanf("%d%d",&a,&b);
     if (a<b)
          printf("%g\n",Distance(a,b));
     else
          printf("%g\n",Distance(b,a));
     return 0;
}
```

3.8.2　在线编程题 2　求解袋鼠过河问题

问题描述：一只袋鼠要从河这边跳到河对岸，河很宽，但是河中间打了很多桩子，每隔一米就有一个，每个桩子上有一个弹簧，袋鼠跳到弹簧上就可以跳的更远。每个弹簧力量不同，用一个数字代表它的力量，如果弹簧的力量为 5，就表示袋鼠下一跳最多能够跳 5 米，如果为 0，就表示会陷进去无法继续跳跃。河流一共 n 米宽，袋鼠初始在第一个弹簧上面，若跳到最后一个弹簧就算过河了，给定每个弹簧的力量，求袋鼠最少需要多少跳能够到达对岸。如果无法到达，输出 -1。

输入描述：输入分两行，第 1 行是数组长度 $n(1 \leqslant n \leqslant 10\,000)$，第 2 行是每一项的值，用空格分隔。

输出描述：输出最少的跳数，若无法到达输出 -1。

输入样例：

```
5
2 0 1 1 1
```

样例输出：

```
4
```

解：采用一维数组 $a[0..n-1]$，$a[i]$ 表示第 i 个弹簧的力量。设置一维动态规划数组 dp，$dp[i]$ 表示袋鼠跳到第 i 个桩子时最少的跳数。

首先设置 dp 的所有元素为 ∞，$dp[0]=0$。若从前面的第 j 个桩子弹跳一次到达第 i 个弹簧，则 $dp[i]=dp[j]+1$。对应的状态转移方程如下：

$$dp[i]=\min(dp[i],dp[j]+1) \qquad 若 \ a[j]+j>=i$$

最后 $dp[n]$ 就是袋鼠过河最少的跳数，若 $dp[n]$ 为 ∞，表示无法到达第 n 个桩子，输出 -1。对应的完整程序如下：

```cpp
#include <iostream>
using namespace std;
#define min(x,y) ((x)<(y)?(x):(y))
#define MAXN 10001
#define INF 0x3f3f3f3f
//问题表示
int n;
int a[MAXN];
//求解结果表示
int dp[MAXN];
int solve()                    //求解算法
{   int i,j;
    for (i=1;i<=n;i++)
        dp[i] = INF;
    dp[0] = 0;
    for (i=1; i<=n; i++)
        for (j=0; j<i;j++)
        {   if (a[j]+j>=i)
                dp[i]=min(dp[i],dp[j]+1);
        }
    return dp[n]==INF? -1 : dp[n];
}
int main()
{   while(cin >> n)
    {   for (int i=0;i<n;i++)
            cin >> a[i];
        cout << solve() << endl;
    }
    return 0;
}
```

3.8.3　在线编程题 3　求解数字和为 sum 的方法数问题

　　问题描述：给定一个有 n 个正整数的数组 a 和一个整数 sum，求选择数组 a 中部分数字和为 sum 的方案数。若两种选取方案有一个数字的下标不一样，则认为是不同的方案。

　　输入描述：输入为两行，第 1 行为两个正整数 $n(1 \leqslant n \leqslant 1000)$、$sum(1 \leqslant sum \leqslant 1000)$，第 2 行为 n 个正整数 $a[i]$（32 位整数），以空格隔开。

　　输出描述：输出所求的方案数。

　　输入样例：

```
5 15
5 5 10 2 3
```

　　样例输出：

```
4
```

　　解：n 个正整数用 $a[1..n]$ 存放，设置二维动态规划数组 dp，$dp[i][j]$ 表示 $a[1..n]$ 中部分元素和为 j 的方案数。对应的状态转移方程如下：

$$dp[i][0] = 1$$
$$dp[0][j] = 0$$
$$dp[i][j] = dp[i-1][j] \qquad\qquad a[i] > j \text{ 时}$$
$$dp[i][j] = \max\{dp[i-1][j-a[i]] + dp[i-1][j], dp[i-1][j]\} \qquad a[i] \leqslant j \text{ 时}$$

　　最终 $dp[n][sum]$ 即为所求。对应的完整程序如下：

```c
#include <stdio.h>
#define MAXN 1001
#define MAXS 1001
#define max(x,y) ((x)>(y)?(x):(y))
//问题表示
int n,sum;
int a[MAXN];
long dp[MAXN][MAXS];
long solve()
{   int i,j;
    for (i=0; i<n ;i++)
        dp[i][0] = 1;
    for (j=1; j<sum ;j++)
        dp[0][j]=0;
        for(i=1; i<=n; i++)
        for(j=0;j<=sum;j++)
```

```
    {    if(a[i]<=j)
                dp[i][j]=max(dp[i−1][j−a[i]]+dp[i−1][j],dp[i−1][j]);
            else
                dp[i][j]=dp[i−1][j];
    }
    return dp[n][sum];
}
int main()
{    scanf("%d%d",&n,&sum);
    for(int i=1;i<=n;i++)
        scanf("%d",&a[i]);
    printf("%ld\n",solve());
    return 0;
}
```

3.8.4　在线编程题4　求解人类基因功能问题

问题描述：众所周知,人类基因可以被认为是由4个核苷酸组成的序列,它们简单地由4个字母A、C、G和T表示。生物学家一直对识别人类基因和确定其功能感兴趣,因为这些可以用于诊断人类疾病和设计新药物。

其实可以通过一系列耗时的生物实验来识别人类基因,在计算机程序的帮助下得到基因序列,下一个工作就是确定其功能。生物学家确定新基因序列功能的方法之一是用新基因作为查询搜索数据库,要搜索的数据库中存储了许多基因序列及其功能。许多研究人员已经将其基因和功能提交到数据库,并且数据库可以通过因特网自由访问。数据库搜索将返回数据库中与查询基因相似的基因序列表。

生物学家认为序列相似性往往意味着功能相似性,因此新基因的功能可能是来自列表的基因的功能之一,要确定哪一个是正确的,需要另一系列的生物实验。请编写一个比较两个基因并确定它们的相似性的程序。

给定两个基因AGTGATG和GTTAG,它们有多相似?测量两个基因相似性的一种方法称为对齐。在对齐中,如果需要,将空间插入基因的适当位置以使它们等长,并根据评分矩阵评分所得基因。

例如,在AGTGATG中插入一个空格得到AGTGAT-G,并且在GTTAG中插入3个空格得到-GT-TAG。空格用减号(−)表示。两个基因现在的长度相等,这两个字符串对齐如下:

```
AGTGAT−G
−GT−−TAG
```

在这种对齐中有4个字符是匹配的,即第2个位置的G,第3个是T,第6个是T,第8个是G。每对对齐的字符根据表3.2所示的评分矩阵分配一个分数,不允许空格之间进行匹配。上述对齐的得分为(−3)+5+5+(−2)+(−3)+5+(−3)+5=9。

表 3.2　评分矩阵

	A	C	G	T	—
A	5	−1	−2	−1	−3
C	−1	5	−3	−2	−4
G	−2	−3	5	−2	−2
T	−1	−2	−2	5	−1
—	−3	−4	−2	−1	*

当然,可能还有许多其他的对齐方式(将不同数量的空格插入到不同的位置得到不同的对齐方式),例如:

```
AGTGATG
−GTTA−G
```

该对齐的得分数是(−3)+5+5+(−2)+5+(−1)+5=14,所以它比前一个对齐更好。事实上这是一个最佳的,因为没有其他对齐可以有更高的分数。因此,这两个基因的相似性是14。

输入描述:输入由 T 个测试用例组成,T 在第 1 行输入,每个测试用例由两行组成,每行包含一个整数(表示基因的长度)和一个基因序列,每个基因序列的长度至少为1,不超过 100。

输出描述:打印每个测试用例的相似度,每行一个相似度。

输入样例:

```
2
7 AGTGATG
5 GTTAG
7 AGCTATT
9 AGCTTTAAA
```

样例输出:

```
14
21
```

解:本题与前面求最长公共子序列问题的过程类似,但这里求的是相似度而不是长度。任何两个允许字符 ch1 和 ch2 的分值通过 Value(ch1,ch2)函数求出。

设置一个动态规划数组 dp,dp$[i][j]$表示 $s[0..i−1]$(长度为 i)与 $t[0..j−1]$(长度为 j)的相似度。对于 $s[0..i−1]$和 $t[0..j−1]$的尾字符 $s[i−1]$和 $t[j−1]$,有 3 种决策:

(1) 让 $s[i−1]$字符与一个空格匹配(相当于在 $t[j−1]$处插入一个空格),则有 dp$[i][j]$=dp$[i−1][j]$+Value($s[i−1]$,' ')。

(2) 让 $t[j−1]$字符与一个空格匹配(相当于在 $s[i−1]$处插入一个空格),则有 dp$[i][j]$=dp$[i][j−1]$+Value(' ',$t[j−1]$)。

(3) 让 $s[i−1]$字符与 $t[j−1]$字符匹配,则有 dp$[i][j]$=dp$[i−1][j−1]$+Value($s[i−1]$,

$t[j-1]$)。

所以有：

$$dp[i][j] = \max(\quad dp[i-1][j] + Value(s[i-1], ' '),$$
$$dp[i][j-1] + Value(' ', t[j-1]),$$
$$dp[i-1][j-1] + Value(s[i-1], t[j-1])\quad)$$

边界条件如下：

$dp[0][0] = 0$
$dp[i][0] = dp[i-1][0] + Value(s[i-1], ' ')$ 考虑第1列，即 $a[i]$ 与空字符' '
$dp[0][j] = dp[0][j-1] + Value(' ', t[j-1])$ 考虑第1行，即空字符' '与 $b[j]$

最后求出的 $dp[n][m]$ 即为所求。对应的完整程序如下：

```c
#include <stdio.h>
#include <string.h>
#define MAX 110
#define max(x,y) ((x)>(y)?(x):(y))
#define max3(x,y,z) max(max(x,y),z)          //求 x、y、z 中的最大值
int dp[MAX][MAX];
int matrix[5][5]={                            //评分矩阵
    {5,-1,-2,-1,-3},
    {-1,5,-3,-2,-4},
    {-2,-3,5,-2,-2},
    {-1,-2,-2,5,-1},
    {-3,-4,-2,-1,0},
};
char s[MAX],t[MAX];
int n,m;
char Char[5]={'A','C','G','T',' '};
int Value(char ch1, char ch2)                //通过矩阵求每一对字符(ch1,ch2)的分值
{   int r,c;
    for (int i=0; i<5; ++i)
    {   if (Char[i]==ch1)
            r=i;
        if (Char[i]==ch2)
            c=i;
    }
    return matrix[r][c];
}
int Similarity()                             //求 s 和 t 的相似度
{   int i, j;
    dp[0][0]=0;
    for (i=1; i<=n; ++i)                     //考虑第1列，即 a[i]与空字符
        dp[i][0]=dp[i-1][0]+Value(s[i-1],' ');
    for (j=1; j<=m; ++j)                     //考虑第1行，即空字符与 b[j]
        dp[0][j]=dp[0][j-1]+Value(' ',t[j-1]);
    for (i=1; i<=n; ++i)
```

```
{    for (j=1; j<=m; ++j)
        dp[i][j]=max3(
            dp[i-1][j]+Value(s[i-1],' '),          //插入 t[j-1]为空字符
            dp[i][j-1]+Value (' ',t[j-1]),         //插入 s[i-1]为空字符
            dp[i-1][j-1]+Value(s[i-1],t[j-1])      //不插入空字符
        );
    }
    return dp[n][m];
}
int main( )
{    int T;
    int ans;
    while (scanf("%d",&T)!=EOF)
    {    while (T--)
        {    scanf ("%d%s",&n,s);
            scanf ("%d%s",&m,t);
            memset(dp,0,sizeof(dp));
            ans=Similarity();
            printf ("%d\n",ans);
        }
    }
    return 0;
}
```

3.8.5 在线编程题 5 求解分饼干问题

问题描述：易老师购买了一盒饼干,盒子中一共有 k 块饼干,但是数字 k 有些数位变得模糊了,看不清楚数字具体是多少。易老师需要你帮忙把这 k 块饼干平分给 n 个小朋友,易老师保证这盒饼干能平分给 n 个小朋友。现在需要计算出 k 有多少种可能的数值。

输入描述：输入包括两行,第 1 行为盒子上的数值 k,模糊的数位用 X 表示,长度小于 18(可能有多个模糊的数位),第 2 行为小朋友的人数 n。

输出描述：输出 k 可能的数值种数,保证至少为 1。

输入样例：

```
9999999999999X
3
```

样例输出：

```
4
```

解：对于任何两个确定的数 x、n,其余数个数是唯一的 1,但若 x 不确定,其余数个数可能有多个,例如 $x=1XX$,$n=3$,假设其中 X 只能取 2 和 3,设置 $dp[i][j]$ 表示长度为 i 的数除以 n 得到的余数为 j 的个数,首先所有 dp 元素设置为 0。可以这样做：

考虑第 1 位 1：$x=1$,$dp[0][0]$ 设置为 1,其他 $dp[0][*]$ 设置为 0,显然 $dp[1][1]=1$（一个为 0 的余数）,而 $dp[1][2]$ 和 $dp[1][0]$ 均为 0（x 没有其他余数）。

考虑第 2 位：$x=1X$，第 1 个 X 取值 2，有 $x=12$，新余数 newj $=(1*10+2)\%3=12\%3=0$，则 dp[2][0]＝dp[2][0]＋dp[1][0]＝0＋1＝1；X 取值 3，有 $x=13$，新余数 newj $=(1*10+3)\%3=13\%3=1$，则 dp[2][1]＝dp[2][1]＋dp[1][1]＝0＋1＝1。

考虑第 3 位(1XX 有 4 种情况，但第 1 个 X 前面已经考虑并保存了结果)：$x=1XX$，第 2 个 X 取值 2，有 $x=1X2$，对于 dp[2][0]＝1，新余数 newj $=(0*10+2)\%3=2\%3=2$，则 dp[3][2]＝dp[3][2]＋dp[2][0]＝0＋1＝1；对于 dp[2][1]＝1，新余数 newj $=(1*10+2)\%3=12\%3=0$，则 dp[3][0]＝dp[3][0]＋dp[2][0]＝0＋1＝1。第 2 个 X 取值 3，有 $x=1X3$，对于 dp[2][0]＝1，新余数 newj $=(0*10+3)\%3=3\%3=0$，则 dp[3][0]＝dp[3][0]＋dp[2][0]＝1＋1＝2；对于 dp[2][1]＝1，新余数 newj $=(1*10+3)\%3=13\%3=1$，则 dp[3][1]＝dp[3][1]＋dp[2][1]＝0＋1＝1。

那么，1XX 的各种取值中能够被 3 整除的个数就是 dp[3][0]，即 2。

从中看出，对于输入字符串 str，在求出 dp[$i-1$][j]后，考虑第 i 位时用 j 试探所有可能的余数：

(1) 如果第 i 位不是 X，新余数 newj $=(j\times10+(str[i-1]-'0'))\%\,n$，并且 dp[$i$][newj] += dp[$i-1$][$j$]。

(2) 如果第 i 位是 X，需要考虑 X 的所有可能的取值 $k(0\sim9)$，新余数 newj $=(j*10+k)\%\,n$，并且 dp[i][newj] += dp[$i-1$][j]。

对应的完整程序如下：

```cpp
#include <iostream>
#include <string.h>
#include <string>
using namespace std;
#define MAXL 18
#define MAXN 10001
//问题表示
int n;
string str;
//求解结果表示
long dp[MAXL][MAXN];
long solve()
{   int newj;
    memset(dp,0,sizeof(dp));
    dp[0][0]=1;
    for (int i=1;i<=str.length(); i++)
    {   for (int j=0; j<n; j++)              //余数可能是 0 到 n−1
        {   if (str[i-1]=='X')              //当前位数是不确定的
            {   for (int k=0; k<=9; k++)     //试探 k 的取值 0 到 9
                {   newj=(j*10+k) % n;
                    dp[i][newj] += dp[i-1][j];
                }
            }
            else                            //当前位数是确定的
            {   newj=(j*10+(str[i-1]-'0')) % n;
                dp[i][newj] += dp[i-1][j];
```

```
            }
        }
    }
    return dp[str.length()][0];
}
int main()
{   cin >> str;
    cin >> n;
    cout << solve() << endl;
    return 0;
}
```

尽管 dp[i][*]仅仅与 d[[$i-1$][*]有关,但是由于 dp 元素是累计关系(不是每次用完就可以清除的),采用 dp[2][MAXN]滚动数组优化空间十分麻烦。

3.8.6　在线编程题 6　求解堆砖块问题

问题描述:小易有 n 块砖,每一砖块有一个高度,小易希望利用这些砖块堆砌两座相同高度的塔。为了让问题简单,砖块堆砌就是简单的高度相加,某一块砖只能在一座塔中使用一次。如果让能够堆砌出来的两座塔的高度尽量高,小易能否完成呢?

输入描述:输入包括两行,第 1 行为整数 n($1\leqslant n\leqslant 50$),即一共有 n 块砖,第 2 行为 n 个整数,表示每一块砖的高度 height[i]($1\leqslant$ height[i]$\leqslant 500\,000$)。

输出描述:如果小易能堆砌出两座高度相同的塔,输出最高能拼凑的高度,如果不能则输出-1。测试数据保证答案不大于 $500\,000$。

输入样例:

```
3
2 3 5
```

样例输出:

```
5
```

解:设置二维动态规划数组 dp,用两个塔的高度差表示当前状态(唯一),即 dp[i][h]表示考虑前 i 块砖时高度差为 h 对应矮塔的高度。先求出所有砖块的高度和 sum,对于第 i 块砖,枚举高度差 h($0\leqslant h\leqslant$ sum)的各种情况,可能的操作如下:

(1) 第 i 块砖不放到任何塔上,高度差不变,矮塔的高度没有增加,则 dp[i][h]=dp[$i-1$][h]。

(2) 将第 i 块砖放在矮塔上,并且放上去后矮塔的高度仍然比原来的高塔要矮($h+$height[i]$<=$sum && dp[$i-1$][$h+$height[i]]$>=0$),这时候矮塔的高度增加 height[i],其高度改变为 dp[$i-1$][$h+$height[i]]$+$height[i],注意此时的状态 dp[i][h]对应的前一个状态为 dp[$i-1$][$h+$height[i]],如图 3.6(a)所示。则 dp[i][h]=max(dp[i][h],dp[$i-1$][$h+$height[i]]$+$height[i])。

(3) 将第 i 块砖放在矮塔上,并且放上去后矮塔的新高度比原来的高塔要高(height[i]$-$

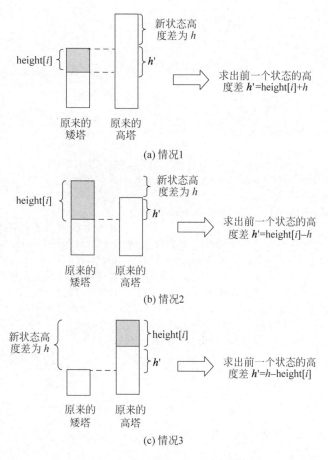

新状态高
度差为 h

height[i]

h'

求出前一个状态的高
度差 **h'**=height[i]+h

原来的
矮塔

原来的
高塔

(a) 情况1

新状态高
度差为 h

height[i]

h'

求出前一个状态的高
度差 **h'**=height[i]−h

原来的
矮塔

原来的
高塔

(b) 情况2

新状态高
度差为 h

height[i]

h'

求出前一个状态的高
度差 **h'**=h−height[i]

原来的
矮塔

原来的
高塔

(c) 情况3

图 3.6   第 i 块砖放在塔上的 3 种情况

$h>=0$ && $dp[i-1][height[i]-h]>=0$),这时候矮塔的高度增加 $height[i]$,其高度改变为 $dp[i-1][height[i]-h]+height[i]-h$,注意此时的状态 $dp[i][h]$ 对应的前一个状态为 $dp[i-1][height[i]-h]$,如图 3.6(b)所示,则 $dp[i][h]=\max(dp[i][h],dp[i-1][height[i]-h]+height[i]-h)$。

(4) 将第 i 块砖放在高塔上,矮塔的高度不变,如图 3.6(c)所示,则 $dp[i][h]=\max(dp[i][h],dp[i-1][h-height[i]])$。

初始化 dp 的所有元素为 -1,设置 $dp[0][0]=0$,求出 dp,最后的 $dp[n][0]$ 就是两座高度相同的塔的高度,若 $dp[n][0]=0$ 表示不能拼凑成功。

由于 $dp[i][*]$ 仅仅与 $dp[i-1][*]$ 有关,没有累计关系,可以采用滚动数组 $dp[2][MAXH]$ 优化空间(这里采用位运算实现,即 $i\&1$ 和 $(i-1)\&1$ 中总是一个为 0,另外一个为 1),最后的 $dp[n\&1][0]$ 即为所求。对应的完整程序如下:

```
# include < stdio. h >
# include < string. h >
# define max(x, y) ((x)>(y)?(x):(y))
# define MAXN 500001
# define MAXH 51
```

```
//问题表示
int n;
int height[MAXN];
//求解结果表示
int dp[2][MAXH];
int sum;
void solve()
{   memset(dp,-1,sizeof(dp));
    dp[0][0]=0;
    for(int i=1;i<=n;i++)                          //扫描所有砖块
    {   for(int h=0;h<=sum;h++)                     //枚举高度差
        {   dp[i&1][h]=dp[(i-1)&1][h];              //不放砖块
            if(h+height[i]<=sum && dp[(i-1)&1][h+height[i]]>=0)
                                      //放在矮塔上,放上去后高度比原来高的矮
                dp[i&1][h]=max(dp[i&1][h],dp[(i-1)&1][h+height[i]]+height[i]);
            if(height[i]-h>=0 && dp[(i-1)&1][height[i]-h]>=0)
                                      //放在矮塔上,放上去后高度比原来高的高
                dp[i&1][h]=max(dp[i&1][h],dp[(i-1)&1][height[i]-h]+height[i]-h);
            if(h-height[i]>=0 && dp[(i-1)&1][h-height[i]]>=0)
                                      //放在高塔上
                dp[i&1][h]=max(dp[i&1][h],dp[(i-1)&1][h-height[i]]);
        }
    }
}
int main()
{   sum=0;
    scanf("%d",&n);
    for(int i=1;i<=n;i++)
    {   scanf("%d",&height[i]);
    sum+=height[i];
    }
    solve();
    printf("%d\n",dp[n&1][0]==0? -1:dp[n&1][0]);
    return 0;
}
```

3.8.7　在线编程题7　求解小易喜欢的数列问题

问题描述：小易非常喜欢有以下性质的数列。

(1) 数列的长度为 n。

(2) 数列中的每个数都在 1 到 k 之间(包括 1 和 k)。

(3) 对于位置相邻的两个数 A 和 B(A 在 B 前),都满足 $A \le B$ 或 A MOD $B != 0$(满足其一即可)。

例如，$n = 4, k = 7$，那么 $\{1,7,7,2\}$，它的长度是 4，所有数字也在 1 到 7 范围内，并且满足性质(3)，所以小易是喜欢这个数列的。但是小易不喜欢 $\{4,4,4,2\}$ 这个数列。小易给出 n 和 k，希望你能帮他求出有多少个是他喜欢的数列。

输入描述：输入包括两个整数 n 和 k($1 \le n \le 10, 1 \le k \le 10\,000$)。

输出描述:输出一个整数,即满足要求的数列个数,因为答案可能很大,输出对 1 000 000 007 取模的结果。

输入样例:

2 2

样例输出:

3

解:设置二维动态规划数组 dp,dp$[i][j]$表示数列长度为 i 且必须以 j 结尾的数列个数,用(i,j)表示这样的数列。首先初始化 dp 的所有元素为 0。

显然有 dp$[1][j]=1(1\leqslant j\leqslant k)$,即这样的数列为$\{j\}$,只有一个。

在长度为 $i-1$ 的合法数列后面加上一个数 q(这个数是任意 1 到 k 的数)得到长度为 i 以 q 结尾的新数列,其数列个数为 sum:

$$\text{sum} = \sum_{q=1}^{k} dp[i-1][q]$$

其中包含小易不喜欢的数列,需要删除这样的情况:位置相邻的两个数 A 和 B 满足 $A>B$ 并且 A MOD $B==0$,即 A 是 B 的 2 倍、3 倍等(这样的数显然是满足 $A>B$ 的)。

对于长度为 i 且以 j 结尾的数列,仅仅考虑$(i-1,j)$合法数列添加的 q 与 j 之间的关系,需要删除其中长度为 $i-1$ 以 $2*j$、$3*j$ 等结尾的数列$(i-1,q)$,即 $q=2*j$、$3*j$ 等的情况,剩下的都是以 j 结尾的数列,即删除的数列个数为 invalid:

$$\text{invalid} = \sum_{j=1}^{k} \sum_{q=2j}^{k} dp[i-1][q]$$

所以有 dp$[i][j]=$sum$-$invalid$(1\leqslant i\leqslant n)$。累计所有的 dp$[n][i](1\leqslant i\leqslant k)$即为最终结果,在计算中需要考虑对 1 000 000 007 取模。对应的完整程序如下:

```
#include <stdio.h>
#include <string.h>
#define MAXN 15
#define MAXK 100005
#define MOD 1000000007
//问题表示
int n,k;
//求解结果表示
long dp[MAXN][MAXK];
long solve()                          //求解算法
{   int i,j,q;
    memset(dp,0,sizeof(dp));
    for (j=1;j<=k;j++)
        dp[1][j]=1;
    for(i=2;i<=n;i++)
    {   int sum=0;                    //求所有数列个数
        for(j=1;j<=k;j++)
```

```
                    sum=(sum+dp[i-1][j]) % MOD;
            for(j=1;j<=k;j++)
            {   int invalid=0;
                for(q=j*2;q<=k;q+=j)                //累计小易不喜欢的数列个数
                    invalid+=dp[i-1][q] % MOD;
                dp[i][j]=(sum-invalid+MOD) % MOD;
            }
        }
        long ans=0;
        for(i=1;i<=k;i++)                           //累计所有的 dp[n][i]
            ans=(ans+dp[n][i]) % MOD;
        return ans;
    }
    int main()
    {   while(scanf("%d%d",&n,&k)!=EOF)
        {
            printf("%ld\n",solve());
        }
        return 0;
    }
```

3.8.8　在线编程题 8　求解石子合并问题

问题描述：有 n 堆石子排成一排,每堆石子有一定的数量,现要将 n 堆石子合并成为一堆,合并只能每次将相邻的两堆石子堆成一堆,每次合并花费的代价为这两堆石子的和,经过 $n-1$ 次合并后成为一堆,求出总代价的最小值。

输入描述：有多组测试数据,输入到文件结束。每组测试数据的第 1 行有一个整数 n,表示有 n 堆石子,接下来的一行有 $n(0<n<200)$ 个数,分别表示这 n 堆石子的数目,用空格隔开。

输出描述：输出总代价的最小值,占单独的一行。

输入样例：

```
3
1 2 3
7
13 7 8 16 21 4 18
```

样例输出：

```
9
239
```

解：用 $a[0..n-1]$ 存放 n 堆石子的数量。由于是要求每次将相邻的两堆石子堆成一堆,所以按贪心法合并是错误的(如果可以将任意两堆石子堆成一堆,适合采用贪心法)。例如 $n=5$, $a[]=\{7,6,5,7,100\}$,按贪心法合并的过程如下：

第 1 次合并：得到 $\{7,11,7,100\}$,代价=11。

第 2 次合并：得到{18,7,100}，代价＝18。

第 3 次合并：得到{25,100}，代价＝25。

第 4 次合并：得到{125}，代价＝125。

总代价＝11＋18＋25＋125＝179。

另一种合并方案如下：

第 1 次合并：得到{13,5,7,100}，代价＝13。

第 2 次合并：得到{13,12,100}，代价＝12。

第 3 次合并：得到{25,100}，代价＝25。

第 4 次合并：得到{125}，代价＝125。

总代价＝13＋12＋25＋125＝175

所以贪心算法在子过程中得出的解只是局部最优，而不能保证使得全局的值最优。这里采用动态规划法，设置二维动态规划数组 dp，dp$[i][j]$表示第 i 堆到第 j 堆石子合并的最优值，sum$[i][j]$表示第 i 堆到第 j 堆石子的总数量，对应的状态转移方程如下：

$$dp[i][i] = 0$$
$$dp[i][j] = \min(dp[i][j], dp[i][k] + dp[k+1][j] + sum[i][j]) \qquad i \leqslant k \leqslant j-1$$

实际上，不必每次计算 sum$[i][j]$，而是采用一维数组 sum，设：

$$sum[0] = a[0]$$
$$sum[i] = sum[i-1] + a[i] \qquad i > 1$$

即 sum$[i]$＝$a[0]+a[1]+\cdots+a[i-1]+a[i]$ 为 $a[0..i]$ 中所有元素的和。当 $j \geqslant i$ 时有 sum$[j]$－sum$[i-1]$＝$\{a[0]+a[1]+\cdots+a[i-1]+a[i]+\cdots+a[j]\}$－$\{a[0]+a[1]+\cdots+a[i-1]\}$＝$a[i]+\cdots+a[j]$。也就是说，当 $i > 0$ 时，第 i 堆到第 j 堆石子的总数量＝sum$[j]$－sum$[i-1]$。

最后的 dp$[0][n-1]$即为所求。对应的完整程序如下：

```c
#include < stdio.h >
#define min(x,y) ((x)<(y)?(x):(y))
#define INF 0x3f3f3f3f
#define MAXN 205
//问题表示
int n;
int a[MAXN];
//求解结果表示
int dp[MAXN][MAXN];
int sum[MAXN];
int solve()                                    //求 dp
{    for(int i=0;i<n;i++)
         dp[i][i] = 0;
     for(int length=1;length<n;length++)       //指定(i,j)的长度
         for(int i=0;i<n-length;i++)           //0≤i≤n-length-1
         {    int j=i+length;
```

```
                dp[i][j] = INF;
                int tmp = sum[j]−(i>0 ? sum[i−1]:0);
                for(int k=i;k<j;k++)
                    dp[i][j] = min(dp[i][j],dp[i][k]+dp[k+1][j]+tmp);
            }
        return dp[0][n−1];
}
int main()
{   while(scanf("%d",&n)!=EOF)
    {   for(int i=0;i<n;i++)
            scanf("%d",&a[i]);
        sum[0] = a[0];
        for(i=1;i<n;i++)
            sum[i] = sum[i−1] + a[i];
        printf("%d\n",solve());
    }
    return 0;
}
```

3.8.9　在线编程题9　求解相邻比特数问题

问题描述：一个 n 位的 0、1 字符串 $x=x_1x_2\cdots x_n$，其相邻比特数由函数 $fun(x)=x_1 * x_2+x_2 * x_3+x_3 * x_4+\cdots+x_{n-1} * x_n$ 计算出来，它计算两个相邻的 1 出现的次数。例如：

```
fun(011101101)=3
fun(111101101)=4
fun (010101010)=0
```

编写程序以 n 和 p 作为输入，求出长度为 n 的满足 $fun(x)=p$ 的 x 的个数。例如，$n=5$、$p=2$ 的结果为 6，即 x 有 11100、01110、00111、10111、11101 和 11011。

输入描述：第 1 行为正整数 $k(1 \leqslant k \leqslant 10$ 表示测试用例个数，后面含 k 个测试用例，每个测试用例一行，包含 n 和 $p(1 \leqslant n、p \leqslant 100)$。

输出描述：对于每个测试用例，输出一个整数表示相邻比特数等于 p 的 0、1 字符串的个数。

输入样例：

```
2
5 2
20 8
```

样例输出：

```
6
63426
```

解：对于长度为 i 的串，假设它的相邻比特数为 j，则长度为 $i+1$ 的串的相邻比特数只

可能为 j 或 $j+1$,且仅与末位元素和新添加元素有关。

令 dp$[i][j][k]$ 表示长度为 i、相邻比特数为 j、末位为 k(0 或者 1)的方案种数。

显然有 dp$[1][0][0]=1$(只有 0 字符串一种情况)、dp$[1][0][1]=1$(只有 1 字符串一种情况)。当 $i>1$ 时,dp$[i][0][0]=$ dp$[i-1][0][0]+$dp$[i-1][0][1]$(末尾添加 0)、dp$[i][0][1]=$dp$[i-1][0][0]$(末尾添加 1)。对应的状态转移方程如下:

$$dp[i][j][0]=dp[i-1][j][0]+dp[i-1][j][1]$$
$$dp[i][j][1]=dp[i-1][j][0]+dp[i-1][j-1][1]$$

最后的 dp$[n][p][0]+$dp$[n][p][1]$ 即为所求。对于多个测试用例,可以一次性地求出 dp。对应的完整程序如下:

```c
#include<stdio.h>
#define MAX 105
//问题表示
int k;
int n,p;
//求解结果表示
long dp[MAX][MAX][2];
void solve()                          //求 dp
{   dp[1][0][0]=dp[1][0][1]=1;
    for(int i=2;i<=MAX;i++)
    {   dp[i][0][0]=dp[i-1][0][0]+dp[i-1][0][1];
        dp[i][0][1] = dp[i-1][0][0];
        for(int j=1;j<i;j++)
        {   dp[i][j][0] = dp[i-1][j][0]+dp[i-1][j][1];
            dp[i][j][1] = dp[i-1][j][0]+dp[i-1][j-1][1];
        }
    }
}
int main()
{   scanf("%d",&k);
    solve();
    while(k--)
    {   scanf("%d%d",&n,&p);
        printf("%lld\n",dp[n][p][0]+dp[n][p][1]);
    }
    return 0;
}
```

3.8.10 在线编程题 10 求解周年庆祝会问题

问题描述:乌拉尔州立大学 80 周年将举行一个庆祝会。该大学员工呈现一个层次结构,这意味着构成一棵从校长 V. B. Tretyakov 开始的主管关系树。为了让聚会的每个人都快乐,校长不希望员工及其直属主管同时出席,人事办公室给每个员工评估出一个快乐指数。你的任务是求出具有最大快乐指数和的庆祝会客人列表。

输入描述:员工编号从 1 到 n,第 1 行输入包含一个整数 $n(1 \leqslant n \leqslant 6000)$,后面 n 行中

的第 i 行给出员工 i 的快乐指数。快乐指数的值是从 -128 到 127 的整数。之后的 $n-1$ 行描述了一个主管关系树,每行为 $L\ K$,表示员工 K 是员工 L 的直接主管。整个输入以 $0\ 0$ 行结束。

输出描述:输出出席庆祝会的所有客人的最大快乐指数和。

输入样例:

```
7
1 1 1 1 1 1 1(7行)
13 23 64 74 45 35(6行 L K)
0 0
```

样例输出:

```
5
```

解:对于编号为 $1\sim n$ 的员工,用 father[i] 表示员工 i 的直接主管,在这种用双亲指针 father 表示的树中,员工 i 的子树包含他的所有下属员工,其中 root 指向根结点。

设置二维动态规划数组 dp,dp[i][0] 表示考虑员工 i 时该员工不参加庆祝会的最大快乐指数和,dp[i][1] 表示考虑员工 i 时该员工参加庆祝会的最大快乐指数和。首先初始化 dp 的所有元素为 0。对应的状态转移方程如下(j 表示员工 i 的某个直接下属员工,即有 father[j]=i):

```
dp[i][1]+=dp[j][0]                    //员工 i 参加,下属 j 不参加
dp[i][0]+=max(dp[j][1],dp[j][0])      //员工 i 不参加,下属 j 参加或者不参加
```

在树中采用后根遍历方式求解(先求出员工 i 的所有孩子的 dp[j][*],再求 dp[i][*])。这种基于树结果的动态规划称为树形动态规划。最终 max(dp[root][0],dp[root][1]) 即为所求。为了避免重复考虑员工(每个员工仅仅考虑一次),用 visited 数组表示一个员工是否考虑过,visited[i]=0 表示员工 i 没有考虑,visited[i]=1 表示员工 i 已经考虑,已经考虑的员工 i,其 dp[i][*] 已经求出(备忘录方法)。

对应的完整程序如下:

```
# include < stdio. h >
# include < string. h >
# define max(x, y) ((x)>(y)?(x):(y))
# define MAXN 6005
//问题表示
int n;
int father[MAXN];               //i 的直接主管为 father[i]
int dp[MAXN][2];                //dp[i][0]=0 表示不去,dp[i][1]=1 表示去了
bool visited[MAXN];
void tree_dp(int i)             //在树中后根遍历求 dp
{    visited[i]=1;
```

```
        for(int j=1; j<=n; j++)
        {   if(visited[j]==0 && father[j]==i)        //员工 j 是员工 i 的下属,并且没有考虑过
            {   tree_dp(j);                           //递归调用孩子结点,从叶子结点开始 dp
                dp[i][1]+=dp[j][0];                   //主管 i 来,下属 j 不来
                dp[i][0]+=max(dp[j][1],dp[j][0]);     //主管 i 不来,下属 j 来或者不来
            }
        }
}

int main()
{   int f,c,root;
    while(scanf("%d",&n)!=EOF)
    {   memset(dp,0,sizeof(dp));
        memset(father,0,sizeof(father));
        memset(visited,0,sizeof(visited));
        for(i=1; i<=n; i++)                           //获取员工 i 的快乐指数
            scanf("%d",&dp[i][1]);
        root;                                         //记录根结点
        while (scanf("%d%d",&c,&f),c||f)
        {   father[c]=f;                              //c 的直接主管为 f
            root=f;
        }
        while(father[root])                           //查找到根结点
            root=father[root];
        tree_dp(root);
        int ans=max(dp[root][0],dp[root][1]);
        printf("%d\n",ans);
    }
    return 0;
}
```

3.9 第9章——图算法设计 ✳

3.9.1 在线编程题 1 求解全省畅通工程的最低成本问题

问题描述:省政府"畅通工程"的目标是使全省的任何两个村庄之间都可以实现公路交通(不一定有直接的公路相连,只要能间接通过公路可达即可)。现得到城镇道路统计表,表中列出了任意两城镇之间修建道路的费用以及该道路是否已经修通。请编写程序计算出全省畅通需要的最低成本。

输入描述:测试输入包含若干个测试用例。每个测试用例的第 1 行给出村庄数目 $N(1 < N < 100)$;随后的 $N(N-1)/2$ 行对应村庄之间道路的成本及修建状态,每行 4 个正整数,分别是两个村庄的编号(从 1 到 N)以及两村庄之间道路的成本和修建状态(1 表示已建,0 表示未建)。当 N 为 0 时输入结束。

输出描述:每个测试用例的输出占一行,输出全省畅通需要的最低成本。

输入样例：

```
3
1 2 1 0
1 3 2 0
2 3 4 0
3
1 2 1 0
1 3 2 0
2 3 4 1
3
1 2 1 0
1 3 2 1
2 3 4 1
0
```

样例输出：

```
3
1
0
```

解：本题采用求最小生成树的 Kruskal 贪心算法。为了提高性能，通过并查集判断一条边的两个顶点是否在一个连通子图中。以两村庄之间的道路成本为权(若已建道路，对应的成本为 0)，通过 Kruskal 算法求出最小生成树，累计其中所有边的成本即为所求。

对应的完整程序如下：

```
#include <stdio.h>
#include <algorithm>
using namespace std;
#define MAX 101
#define MAXE (MAX*(MAX−1)/2)
//问题表示
int n;                              //顶点个数
int m;                              //边数
struct Edge                         //边类型
{   int a;                          //边的起点
    int b;                          //边的终点
    int d;                          //边长度
};
Edge road[MAXE];
int tree[MAX];                      //并查集
int find_root(int a)                //在并查集中查找 a 的根
{   if (tree[a]==−1)
        return a;                   //a 为根,返回 a
    int tmp=find_root(tree[a]);
```

```
        tree[a]=tmp;                          //a 不是根,让它指向根 tmp
        return tmp;
    }
    bool cmp(Edge a,Edge b)                    //排序比较函数
    {   if (a.d<b.d) return true;
        return false;                          //用于按边长度递增排序
    }
    int solve( )                               //采用 Kruskal 算法求解
    {   sort(road,road+m,cmp);                 //按边长度递增排序
        int ans=0;                             //存放最低成本

        for(int i=0;i<m;i++)
        {                                      //第 i 条边的两个顶点是 a、b
            int ra=find_root(road[i].a);       //查找顶点 a 的根
            int rb=find_root(road[i].b);       //查找顶点 b 的根
            if(ra!=rb)                         //若它们的根不同,取该边的成本
            {   tree[rb]=ra;
                ans+=road[i].d;
            }
        }
        return ans;
    }
    int main( )
    {   int f;
        while(scanf("%d",&n)!=EOF && n!=0)
        {   m=n*(n-1)/2;
            for(int i=0;i<=n;i++)              //初始化并查集
                tree[i]=-1;
            for(int j=0;j<m;j++)              //输入
            {   scanf("%d%d%d%d",&road[j].a,&road[j].b,&road[j].d,&f);
                if(f==1) road[j].d=0;          //已建道路成本为 0
            }
            printf("%d\n",solve());
        }
        return 0;
    }
```

3.9.2 在线编程题 2 求解城市的最短距离问题

问题描述：N 个城市,标号从 0 到 $N-1$,M 条道路,第 K 条道路(K 从 0 开始)的长度为 2^K,求编号为 0 的城市到其他城市的最短距离。

输入描述：第 1 行两个正整数 $N(2 \leqslant N \leqslant 100)$ 和 $M(M \leqslant 500)$,表示有 N 个城市、M 条道路,接下来的 M 行,每行两个整数,表示相连的两个城市的编号(时间限制：1 秒,空间限制：32 768KB)。

输出描述：$N-1$ 行,表示 0 号城市到其他城市的最短距离,如果无法到达,输出 -1,数值太大的以取模 100 000 后的结果输出。

输入样例：

```
4 4
1 2
2 3
1 3
0 1
```

样例输出：

```
8
9
11
```

解：本题采用 Dijkstra 算法求顶点 0 到其他顶点的最短路径。关键是过滤顶点之间多余的路径，因为第 K 条道路的长度为 2^K，也就是说，后面的路径越来越长，如果前面顶点 a 到顶点 b 有一条比较短的路径，后面又有一条比较长的路径，需要过滤后者。这里采用并查集来实现长路径的过滤，对应的程序如下：

```c
# include < stdio. h >
# include < stdlib. h >
# define MAX 101
# define INF 0x3f3f3f3f            //定义无穷大∞
int root[MAX];                     //root[i]＝j 表示顶点 i 所在连通分量的根为顶点 j
int find(int i)                    //查找顶点 i 所在的连通分量编号
{
    return i==root[i] ? i:find(root[i]);
}
int main()
{   int A[MAX][MAX],S[MAX],dist[MAX];
    int i,j,a,b,cost;
    int n,m;
    while (scanf("%d %d",&n,&m)!=EOF)  //获取邻接矩阵 A
    {   for (i=0;i<n;i++)
        {   root[i]=i;
            S[i]=0;
        }
        for (i=0;i<n;i++)              //初始化邻接矩阵 A
        {   for (j=0;j<n;j++)
                A[i][j]=INF;
            A[i][i]=0;
        }
        cost=1;                       //边长度从 1 开始
        for (i=0;i<m;i++)
        {   scanf("%d %d",&a,&b);
            int x=find(a);
```

```
        int y=find(b);
        if (x!=y)                          //有效边
        {   root[x]=y;                     //y 作为 x 的根
            A[a][b]=A[b][a]=cost;          //无向图边是对称的
        }
        cost=cost * 2 % 100000;            //cost 增大两倍
    }
}
for (i=0;i<n;i++)                          //Dijkstra 算法
    dist[i]=A[0][i];
S[0]=1;
for (i=0;i<n;i++)
{   int min=INF, u;
    for (j=0;j<n;j++)
    {   if (S[j]==0 && dist[j]<INF)
        {   u=j;
            min=dist[j];
        }
    }
    S[u]=1;
    for (j=1;j<n;j++)
    {   if (S[j]==0)
            if (A[u][j]<INF && dist[u]+A[u][j]<dist[j])
                dist[j]=dist[u]+A[u][j];
    }
}
for (i=1;i<n;i++)                          //输出结果
    if (dist[i]==INF)                      //没有路径
        printf("-1\n");
    else                                   //存在路径
        printf("%d\n",dist[i] % 100000);
return 0;
}
```

3.9.3　在线编程题 3　求解小人移动最小费用问题

问题描述：在一个网格地图上有若干个小人和房子,在每个单位时间内每个人可以往水平方向或垂直方向移动一步,走到相邻的方格中。对于每个小人,走一步需要支付一美元,直到他走入房子,且每栋房子只能容纳一个人。求让这些小人移动到这些不同的房子所需要支付的最小费用。

输入描述：输入包含一个或者多个测试用例。每个测试用例的第 1 行包含两个整数 M 和 $N(2 \leqslant M、N \leqslant 100)$,分别为网格地图的行、列数,其他 M 行表示网格地图,地图中的'H'和'm'分别表示房子和小人的位置,个数相同,最多有 100 栋房子,其他空位置用'.'表示。输入的 N 和 M 等于 0 表示结束。

输出描述：每个测试用例的输出对应一行,表示最少费用。

输入样例：

```
2 2
. m
H .
5 5
HH . . m
. . . . .
. . . . .
. . . . .
mm . . H
7 8
. . . H . . . .
. . . H . . . .
. . . H . . . .
mmmHmmmm
. . . H . . . .
. . . H . . . .
. . . H . . . .
0 0
```

样例输出：

```
2
10
28
```

解：本题是一个求最大流最小费用的问题。求出小人数 mcase 和房子数 hcase，添加一个起点 0 和终点，终点编号为 t＝mcase＋hcase＋1。每个小人和房子作为一个顶点，小人顶点的编号为 1～mcase，房子顶点的编号为 mcase＋1～t－1。

以任意小人（man[i]）和房子（house[j]）之间为边构成一个网络，它们之间的距离为 w＝abs(house[j].x-man[i].x)＋abs(house[j].y-man[i].y)，初始时两者之间的费用为 w（单位流量费用为一美元）、容量为 1（每栋房子只能容纳一个人）。

从起点到各小人之间的费用为 0、容量为 1，各房子到终点之间的费用为 0、容量为 1。这样的网络实际上是一个二分图，例如如图 3.7 所示，小人和房子的个数均为 2，添加起点 0 和终点 5，在边(x,y)中 x 表示容量、y 表示距离。

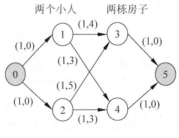

图 3.7　一个网络

最短路径就是距离最小的路径(即费用最小的路径)。从 0 流开始调整,对应的完整程序如下:

```cpp
#include <iostream>
#include <queue>
using namespace std;
#define min(x,y) ((x)<(y)?(x):(y))
#define N 101
#define M 101
#define INF 0x3f3f3f3f
//问题表示
int m,n,s,t;
char map[M][N];                          //存放网格地图
struct man                               //记录小人的坐标
{
    int x,y;
} man[N];
struct house                             //记录房子的坐标
{
    int x,y;
} house[N];
struct Edge                              //边类型
{   int from,to;                         //一条边(from,to)
    int flow;                            //边的流量
    int cap;                             //边的容量
    int cost;                            //边的单流量费用
};
vector<Edge> edges;                      //存放网络中的所有边
vector<int> G[N];                        //邻接表,G[i][j]表示顶点i的第j条边在edges数组
                                         //中的下标求解结果表示

int mincost;                             //最大流的最小费用
bool visited[N];
int pre[N],a[N],dist[N];
void Init()//初始化
{   for (int i=0; i<n; i++)              //删除顶点关联边
        G[i].clear();
    edges.clear();                       //删除所有边
}
void AddEdge(int from,int to,int cap,int cost)    //添加一条边
{   Edge temp1 = {from,to,0,cap,cost};            //前向边,初始流为0
    Edge temp2 = {to,from,0,0,-cost};             //后向边,初始流为0
    edges.push_back(temp1);                       //添加前向边
    G[from].push_back(edges.size()-1);            //前向边的位置
    edges.push_back(temp2);                       //添加后向边
    G[to].push_back(edges.size()-1);              //后向边的位置
}
bool SPFA()                              //用 SPFA 算法求 cost 最小的路径
{   for (int i=0; i<=t;i++)              //初始化 dist 设置
        dist[i]=INF;
```

```
        dist[s]=0;
        memset(visited,0,sizeof(visited));
        memset(pre, -1, sizeof(pre));
        pre[s]=-1;                                  //起点的前驱为-1
        queue<int> qu;                              //定义一个队列
        qu.push(s);
        visited[s]=1;
        a[s]=INF;
        while (!qu.empty())                         //队列不空时循环
        {   int u=qu.front(); qu.pop();
            visited[u]=0;
            for (int i=0; i<G[u].size();i++)        //查找顶点u的所有关联边
            {   Edge &e=edges[G[u][i]];             //关联边 e=(u,G[u][i])
                if (e.cap>e.flow && dist[e.to]>dist[u]+e.cost)    //松弛
                {   dist[e.to]=dist[u]+e.cost;
                    pre[e.to]=G[u][i];              //顶点 e.to 的前驱顶点为 G[u][i]
                    a[e.to]=min(a[u], e.cap-e.flow);
                    if (!visited[e.to])             //e.to 不在队列中
                    {   qu.push(e.to);              //将 e.to 进队
                        visited[e.to]=1;
                    }
                }
            }
        }
        if (dist[t]==INF)                           //找不到终点,返回 false
            return false;
        mincost += dist[t] * a[t];                  //累计最小费用
        for (int j=t; j!=s; j=edges[pre[j]].from)   //调整增广路径中的流
        {   edges[pre[j]].flow += a[t];             //前向边增加 a[t]
            edges[pre[j]+1].flow -= a[t];           //后向边减少 a[t]
        }
        return true;                                //找到终点,返回 true
    }
    void MinCost()                                  //求出 s 到 t 的最小费用
    {
        while (SPFA());                             //SPFA 算法返回真继续
    }

    void CreateG()                                  //创建网络 G
    {   int mcase=0,hcase=0;                        //记录有多少个小人和房子
        int i,j;
        for(i=1; i<=m; i++)
        {   for(j=1; j<=n; j++)
            {   cin >> map[i][j];
                if(map[i][j]=='m')                  //记录小人的坐标
                {   mcase++;
                    man[mcase].x=i;
                    man[mcase].y=j;
                }
                if(map[i][j]=='H')                  //记录房子的坐标
```

```
            {   hcase++;
                house[hcase].x=i;
                house[hcase].y=j;
            }
        }
    }
    s=0;
    t=mcase+hcase+1;                    //加入起点0和终点t构成网络流结构
    for(i=1; i<=mcase; i++)             //处理所有的小人
    {   AddEdge(0,i,1,0);              //起点到各小人之间的容量为1、费用为0
        for(j=1; j<=hcase; j++)        //处理所有的房子
        {   int w=abs(house[j].x−man[i].x)+abs(house[j].y−man[i].y);
                                        //计算小人到每个房子之间的距离
            AddEdge(i,mcase+j,1,w);    //小人和房子之间的容量为1、费用为w
        }
    }
    for (j=1;j<=hcase; j++)
        AddEdge(mcase+j,t,1,0);        //各房子到终点之间的容量为1、费用为0
}
int main()
{   while(true)
    {   cin >> m >> n;                 //输入m、n
        if (m==0 || n==0) break;
        mincost=0;                     //初始化最小费用为0
        Init();
        CreateG();
        MinCost();                     //计算从起点0到终点t之间的最大流最小费用
        cout << mincost << endl;
    }
    return 0;
}
```

3.10 第 10 章——计算几何 ✳

3.10.1 在线编程题 1 求解两个多边形公共部分的面积问题

问题描述：贝蒂喜欢剪纸，有两个新剪出的凸多边形需要粘在一起，她打算用糨糊涂抹两张剪纸的共同区域，如图 3.8 所示。请帮忙求出两个多边形的公共部分的面积。

输入描述：输入由两部分组成，每个部分的第 1 行是一个 3～30 的整数，指定多边形的顶点数，紧接的行指出多边形的顶点的坐标（由两个实数构成）。实数的小数部分包含 6 个数字，其绝对值低于 1000，所有顶点按逆时针方向给出。

输出描述：输出一个实数（含两位小数），表示两个多边形的公共部分的面积。

图 3.8　用糨糊涂抹两张剪纸的共同区域

输入样例：

```
4
1.500000 −0.500000
3.500000 1.500000
1.500000 3.500000
−0.500000 1.500000
4
0.000000 0.000000
3.000000 0.000000
3.000000 3.000000
0.000000 3.000000
```

样例输出：

```
7.00
```

解：将两张剪纸看成一个多边形 A 和 B，找出它们的相交点构成的结果多边形，其中需要考虑多边形 A 中的顶点缩到多边形 B 内部的情况，最后求出结果多边形的面积。对应的完整程序如下：

```
# include < stdio. h >
# include < vector >
# include < math. h >
using namespace std;
struct point
{    double x;
     double y;
};
vector < point > temp;
vector < point > polya;                     //剪纸 A
vector < point > polyb;                     //剪纸 B
double operator * (point p1, point p2)
{
    return p1. x * p2. y − p1. y * p2. x;
```

```
    }
    point operator+(point p1,point p2)
    {    point p;
         p.x=p1.x+p2.x;
         p.y=p1.y+p2.y;
         return p;
    }
    point operator-(point p1,point p2)
    {    point p;
         p.x=p1.x-p2.x;
         p.y=p1.y-p2.y;
         return p;
    }
    bool changeit(point p1,point p2,point p)      //顶点 p 在多边形 B(含 p1p2 线段)的内部或者边上
    {
         return (p-p1)*(p2-p1)<=0;
    }
    bool intersect(point p1,point p2,point p3,point p4,point &p)      //求 p1p2 和 p3p4 的相交点 p
    {    if (((p3-p1)*(p2-p1))*((p4-p1)*(p2-p1))>=0)
              return flase;                          //不相交的情况
         double D,D1,D2;
         D=(p1-p2)*(p4-p3);
         D1=(p3*p4)*(p1.x-p2.x)-(p1*p2)*(p3.x-p4.x);
         D2=(p1*p2)*(p4.y-p3.y)-(p3*p4)*(p2.y-p1.y);
         p.x=D1/D;
         p.y=D2/D;
         return true;
    }
    double getarea(point p1,point p2,point p3)      //求 3 个点构成的三角形的面积
    {
         return fabs((p1-p2)*(p3-p2))/2.0;
    }
    int main()
    {    int m,n;
         int i,j;
         double area=0.;
         point pp;
         scanf("%d",&m);                          //多边形 A 的顶点数
         for(i=0;i<m;++i)
         {    scanf("%lf%lf",&pp.x,&pp.y);
              polya.push_back(pp);
         }
         scanf("%d",&n);                          //多边形 B 的顶点数
         for(i=0;i<n;++i)
         {    scanf("%lf%lf",&pp.x,&pp.y);
              polyb.push_back(pp);
         }
         polyb.push_back(polyb[0]);               //添加起点构成多边形 B 的第 n 条边
         for(i=0;i<n;i++)                          //处理多边形 B 的每条边
```

```
{   temp.clear();
    if(polya.size()<3) break;
    for(j=0;j<polya.size()-1;j++)                        //处理多边形A的每条边
    {   if(intersect(polyb[i],polyb[i+1],polya[j],polya[j+1],pp))
            temp.push_back(pp);                          //在temp中添加相交点
        if(changeit(polyb[i],polyb[i+1],polya[j+1]))
            temp.push_back(polya[j+1]);                  //在temp中添加多边形A的内部点
    }
    //考虑多边形A的顶点0
    if(intersect(polyb[i],polyb[i+1],polya[j],polya[0],pp))
        temp.push_back(pp);
    if(changeit(polyb[i],polyb[i+1],polya[0]))
        temp.push_back(polya[0]);
    polya=temp;                                          //将temp复制到公共多边形中
}
if(polya.size()>2)                                       //求公共多边形的面积
{   for(i=1;i<polya.size()-1;++i)
        area+=getarea(polya[0],polya[i],polya[i+1]);
}
printf("%.2lf\n",area);
return 0;
}
```

3.10.2　在线编程题2　求解最大三角形问题

问题描述：老师在计算几何这门课上给Eddy布置了一道题目，即给定二维平面上 n 个不同的点，要求在这些点里寻找3个点，使它们构成的三角形的面积最大。Eddy对这道题目百思不得其解，想不通用什么方法来解决，因此他找到了聪明的你，请你帮他解决。

输入描述：输入数据包含多组测试用例，每个测试用例的第1行包含一个整数 n，表示一共有 n 个互不相同的点，接下来的 n 行每行包含两个整数 x_i、y_i，表示平面上第 i 个点的 x 与 y 坐标。可以认为 $3 \le n \le 50\,000$，而且 $-10\,000 \le x_i$、$y_i \le 10\,000$。

输出描述：对于每一组测试数据，请输出构成的最大三角形的面积，结果保留两位小数。每组输出占一行。

输入样例：

```
3
3 4
2 6
3 7
6
2 6
3 9
2 0
8 0
6 6
7 7
```

样例输出：

```
1.50
27.00
```

解：最大面积的三角形总是由凸包的顶点构成，所以首先采用 Graham 算法求出凸包 ch[0..*m*−1]，通过枚举其所有三角形求出最大面积。对应的程序如下：

```cpp
#include <iostream>
#include <algorithm>
using namespace std;
#define MAXN 50005
#define max(x,y) ((x)>(y)?(x):(y))
//问题表示
int n;
struct Point
{
    int x,y;
};
Point p[MAXN];
Point ch[MAXN];
int cross(Point p0,Point p1,Point p2)           //叉积运算
{
    return (p0.x-p2.x)*(p1.y-p2.y)-(p1.x-p2.x)*(p0.y-p2.y);
}
bool cmp(Point a,Point b)                        //用于排序
{   if(a.x==b.x)
        return a.y<b.y;
    else
        return a.x<b.x;
}
int Graham()                                     //求凸包的 Graham 算法
{   int len,i;
    int top=0;
    sort(p,p+n,cmp);
    for(i=0; i<n; i++)
    {   while(top>1 && cross(ch[top-1],p[i],ch[top-2])<=0)
            top--;
        ch[top++]=p[i];
    }
    len=top;
    for(i=n-2; i>=0; i--)
    {   while(top>len && cross(ch[top-1],p[i],ch[top-2])<=0)
            top--;
        ch[top++]=p[i];
    }
    if(n>1) top--;
    return top;
}
```

```
int main()
{   int i, j, k;
    while(cin >> n)
    {   for(i=0; i<n; i++)
            cin >> p[i].x >> p[i].y;
        int m=Graham();
        int ans=0;
        for(i=0; i<m; i++)
            for(j=i+1; j<m; j++)
                for(k=j+1; k<m; k++)
                    ans=max(ans,cross(ch[j],ch[k],ch[i]));
        printf("%.2lf\n",0.5 * ans);
    }
    return 0;
}
```

3.11　第 12 章——概率算法和近似算法　✳

问题描述：给定一个未知长度的整数流，如何合理地随机选取一个数。

解：如果将整个整数流保存到一个数组中，之后可以随机选取一个数组。但这里整数流很长，无法保存下来。

如果整数流在第 1 个数后结束，则必定会选第 1 个数作为随机数。如果整数流在第 2 个数后结束，可以选第 2 个数的概率为 $1/2$，则以 $1/2$ 的概率用第 2 个数替换前面选的随机数，得到合理的新随机数。如果整数流在第 n 个数后结束，选第 n 个数的概率为 $1/n$，则以 $1/n$ 的概率用第 n 个数替换前面选的随机数，得到合理的新随机数。

假设整数流以 0 结尾，对应的完整程序如下：

```
#include <stdio.h>
int main()
{   int x, y;
    while (true)
    {   scanf("%d", &x);
        if (x!=0)
            y=x;
        else
            break;
    }
    printf("随机数：%d\n", y);
    return 0;
}
```